中小建設業の労務管理と経営改善

改訂版

弁護士
吉村 孝太郎 監修

特定社会保険労務士
太田 彰 共著

特定社会保険労務士
江口 麻紀

特定社会保険労務士
増田 文香

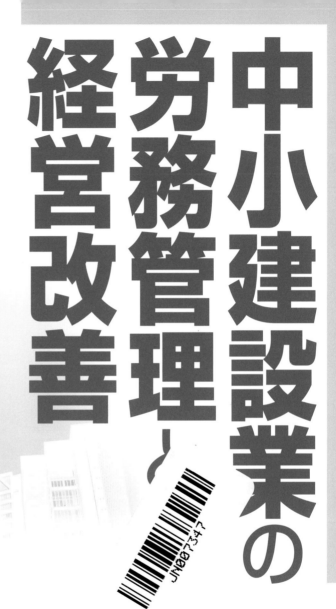

日本法令®

改訂版にあたり

　建設業に対しても製造業等他の業種と同様の「時間外労働時間の上限規制」が令和6年4月1日を以て適用されました。

　この適用により、労働時間管理については法律・運用ともすべての適用除外や特例措置が撤廃されることになりました。

　建設業は業態や就労形態の特殊性、歴史的経緯などにより労働基準法や労働安全衛生法等については法律・運用ともに適用除外や特例措置が認められていましたが、平成30年の「働き方改革関連法」により労働基準法の労働時間管理が適用されました。しかしその時も時間外労働時間の上限規制については適用が猶予されました。今回はその猶予も撤廃することとなりました。これにより平成29年の社会保険強制加入、「建設業「2017＋10」プラン」以降7年余にわたって進められてきた一連の「建設業の働き方改革」施策に一応の区切りをつけることになります。

　背景には、技能者（職人）の高齢化進行・引退者増加にもかかわらず依然として若者の入職者が少ない建設業の、将来に対する国・国土交通省・業界リーダーの強い危機感があります。それだけに適用除外・特例措置廃止後は労働時間管理を従来以上に厳密に行わなければならないことおよびそれに対応した労務管理が求められます。それはまた会社経営の在り方においても一層の改革を求められることにつながっています。

　今回の改訂版ではそうした問題意識の下に、初版以降に新たな課題となってきた一人親方問題、技能実習制度改革、インボイス制度、電子帳簿保存法、ワーク・ライフ・バランス等を含めて整理しました。

　適正な労働時間管理を含む働き方改革を伴った経営、それを目指す会社ほど企業規模を問わず発展の余地は広がります。

　本書が、現に建設業に関係している方々、関心をお持ちの方々に少しでもお役に立てれば幸甚の至りとするところです。

　改訂版にあたり、（株）日本法令・吉岡幸子氏には初版に続いてお世話になりました。御礼申し上げます。

令和6年3月　執筆者一同

∷Contents∷

第4章 労務管理改善

第5章 社会保険の加入に関する下請指導ガイドライン

第6章 建設業における健康保険・年金

第7章 建設業における労災保険・雇用保険

第8章 労災事故と安全管理

第9章 | 健康の保持増進

巻末資料 ／343

[第 1 章]

中小建設業を
取り巻く経営環境

労務管理改善を迫る経営環境の動向

（平29. 4. 1）
社会保険加入の義務化
（⇨9頁参照）

（平29. 7. 4）
建設業「2017＋10」プランの推進
（⇨9頁参照）

（平30. 3. 20）
建設業働き方改革加速化プログラム
（⇨10頁参照）

（平31. 4. 1）
建設キャリアアップシステムの本格稼働
（⇨11頁参照）

（平31. 4. 1）
働き方改革関連法の建設業への適用
（⇨11頁参照）

（令元. 6. 12）
建設業法を含む「担い手3法」の改正
（⇨15頁参照）

（令6. 4. 1）
時間外労働の上限規制
（⇨14頁参照）

（日建連は平29. 12など）
国交省と業界団体は改革を加速
（⇨16頁参照）

1 | 建設産業の労務管理改善を促してきた施策

1 適正な社会保険加入の義務化

　建設業においては伝統的に、社会保険（健康保険・年金・雇用保険）加入は事業主、労働者ともに自主性に任されていましたが、その不備が若年者の入職敬遠の大きな要因になっているとして、国土交通省（以下、国交省）主導により、平成24年から5年計画で「適正な社会保険への加入」対策が進められ平成29年4月から義務とされました。これにより国交省調査では、令和4年10月時点で企業別では99.5%、労働者別では91%が加入済とし、これに基づいて工事見積書に法定福利費を計上するよう指導しています。

2 建設業「2017＋10」プランの推進

　国交省主導の建設産業政策会議による「10年後を見据えて、建設産業に関わる各種『制度インフラ』の再構築を中心とした建設産業政策についての方向性を示し、現在そして将来の世代に誇れる建設産業の姿を目指した」報告書（平成29年7月4日）のことで、建設業法を含む「担い手3法」(15頁参照)の改正はこのプランに基づく措置とされています。

　同プランでは、「担い手確保のためにまず取り組むべきは『働き方改革』である。建設産業の魅力を高め、若年層や女性の入職を促進していく観点から、賃金水準の向上や長時間労働の是正、週休2日の確保など建設産業の『働き方改革』を強力に推進し、新たな担い手を呼び込んでいくことが求められる」として、目指す方向4分類（※1）の第1に「建設

産業の『働き方改革』の実現に向けた取組を強力に推進する」を挙げ、「建設産業で働く人の処遇改善」以下7課題（※2）を設定しています。

　なお、同プランでは、申請書類の簡素化・電子化を進めるとして令和5年1月より建設業許可や経営事項審査の電子申請が開始され、令和5年10月23日現在、大阪府、兵庫県、福岡県を除く行政庁で受付が可能となっています。

- ※1　①働き方改革、②生産性向上、③良質な建設サービスの提供、④地域力の強化
- ※2　①建設産業で働く人の処遇改善、②職場の安全性を高める、③適切な工期の設定、④休日の拡大、⑤働く人を大切にする業界・企業であることの「見える化」、⑥若者がキャリアパスを描きやすくする、⑦担い手の育て手（指導者等）の確保

3 建設業働き方改革加速化プログラム

　国交省が建設業の働き方改革を官民一体となって加速させる目的でまとめたもの（平30.3.20）。

① 長時間労働の是正

- a）　週休2日制導入の後押し……公共工事の週休2日制の大幅拡大およびそれに伴う労務費等の補正、見直し
- b）　適正な工期設定の推進……「各発注者の特性を踏まえた適正な工期設定のためのガイドライン」の改訂（平30.7.2）

② 給与・社会保険

- a）　技能、経験にふさわしい処遇（給与）の実現……技能能力の評価制度の策定
- b）　社会保険加入を建設業のミニマム・スタンダードにする……未加入企業は建設業許可・更新を認めない

③ 生産性向上

a) 生産性向上に取り組む企業を後押し

b) 新技術導入等により施工品質の向上と省力化

c) 人材・機材の効率的活用（技術者配置要件の合理化など）

d) 下請次数削減方策の検討

4 建設キャリアアップシステムの本格稼働

　平成31年4月より国交省が主導し、（一財）建設業振興基金がクラウド方式によりその運用、普及に努めてきた結果、令和5年10月末時点で、24万余の会社（建設業許可業社の半数）、130万人余の技能者（技能労働者の4割）が登録しています。このシステムへの登録が経営事項審査での加点対象にもなっていることから登録会社は今後も増え、それに伴って技能者の登録も増え続けていくことが予測されます。

　現時点では、システムへの登録は義務とはされていませんが、平成31年4月に施行された特定技能者受入れにより外国人を雇用する会社は、会社・技能者ともシステムに登録することが条件とされており、令和2年4月からは、技能実習生を受け入れている会社も会社・実習生ともシステムへの登録が義務となっています。

5 働き方改革関連法の建設業への適用

　働き方改革関連法を建設業も例外としないとしている背景には国、行政（国交省・厚生労働省（以下「厚労省」という））、業界リーダーに共通した危機感と決意があります。

　すなわち「日本全体の少子高齢化が急速に進む中で、現状のままでは建設業界への若者の入職が激減し、国家の基幹産業である建設業の未来はなくなってしまい、ひいては日本経済再生の足枷になる可能性もある」

建設キャリアアップシステムの構築

○「建設キャリアアップシステム」は、技能者の資格、社会保険加入状況、現場の就業履歴等を業界横断的に登録・蓄積する仕組み

○システムの活用により技能者が能力や経験に応じた処遇を受けられる環境を整備し、将来にわたって建設業の担い手を確保

○システムの構築に向け官民（参加団体：日建連、全建、建専連、全建総連　等）で検討を進め、平成31年1月以降システムを利用できる現場を限った「限定運用」を開始し、限定運用で蓄積した知見を踏まえ、平成31年度より「本運用」を開始予定

○運用開始初年度で100万人の技能者の登録、5年で全ての技能者（330万人）の登録を目標

＜建設キャリアアップシステムの概要＞

①技能者情報等の登録	②カードの交付・現場での読取

①技能者情報等の登録

【技能者情報】
・本人情報
・保有資格
・社会保険加入状況等

【事業者情報】
・商号
・所在地
・建設業許可情報　等
【現場情報】
・現場名
・工事の内容　等

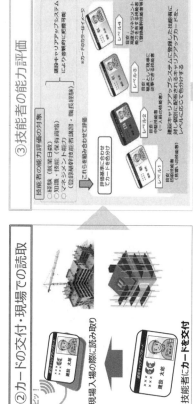

② カードの交付・現場での読取

現場入場の際に読み取り

ビッ！

技能者にカードを交付

③技能者の能力評価

技能者の能力評価の対象
○経験（従業日数）
○知識・技能（保有資格）
○マネジメント能力
（登録基幹技能者講習、施工経験等）

これらを組み合わせて評価

評価結果に合わせてカードを色分け

技能者の処遇改善が図られる環境を整備

※システム運営主体
（一財）建設業振興基金

（国土交通省）

という危機感と、若者の入職が進まない大きな要因として、労働時間が長い、休日が少ない、休暇が取りにくい、日給制が多い等の製造業等他の業界に比べて厳しい労働条件があり、これを早急に解決していかなければならないという決意です。

　「若者が入職しない」と嘆いているだけの「待ちの姿勢」から「若者を呼び込む」ための対策を行政・業界が一体となって早急に進めていくという「積極姿勢」への転換でもあります。

働き方改革関連法により建設業にも適用されている内容

《平成31年4月以降》

① タイムカードなどによる労働時間の厳密な把握（違反し、過重労働により病気や死亡事故が発生した場合、民事損害賠償を求められる可能性がある）

② 年10日以上の年次有給休暇を有する従業員には、1年に5日を、本人意思を尊重した日に付与する義務（付与違反は、従業員1人当たり30万円の罰金）

③ 年次有給休暇管理簿を作成し、3年間保存する義務

《令和2年4月以降》

① 正規・非正規の従業員間の不合理な待遇差の禁止。待遇差の説明の求めには対応義務（中小企業は令和3年4月から適用。違反した場合、民事損害賠償を求められる可能性がある）

《令和5年4月以降》

① 時間外労働が月60時間を超えた場合の割増率を50％以上にする義務およびその旨を就業規則（賃金規程）等で定める義務

《令和6年4月以降》

① 時間外労働時間の上限規制適用

・原則　月45時間、年360時間（1年単位変形は42時間、320時間）

　この時間内であっても使用者には安全配慮義務を適用

・原則時間を超える場合であっても

　　・月100時間未満（休日労働含む）

　　・2〜6カ月平均で80時間以内（休日労働含む）

　　・年720時間以内

　　・月45時間超は年6回まで

6　建設業法を含む「担い手３法」の改正

　建設業の基本法である建設業法が、「新・担い手３法（※１）」の一環として改正（令和元年６月12日）され、「建設工事の従事者は、建設工事に関する自らの知識や技術又は技能の向上に努めること」については令和元年９月１日、その他については令和２年10月１日および令和３年４月１日に施行されました。

　※１　「担い手３法」は①公共工事の品質確保の促進に関する法律（品確法）、②建設業法、③公共工事の入札及び契約の適正化の促進に関する法律の３法の総称。

　「新・担い手３法」はその背景と必要性として「建設業の働き方改革の促進・建設現場の生産性向上・持続可能な事業環境の確保」の３点が挙げられ、特に重視している「建設業の働き方改革の促進」に関しては、以下の２点を進めるとしました。

建設業の働き方改革の促進（令和２年10月１日施行）

> ①　長時間労働の是正……著しく短い工期による請負契約の締結を禁止し、違反者には国交大臣等からの勧告等を実施するなどの工期適正化（品確法では「休日、準備期間の確保等」を例示）。
> ②　現場の処遇改善……建設業許可基準を見直し、社会保険加入を許可要件とする。下請代金のうち、労務費相当分については現金払いとすること。

　そして、この取組みに伴う具体的目標として、

①　入職者数を、４万人（平成29年度）から5.5万人（令和５年度）へ
②　技能労働者の週休２日制を令和６年度に100％へ
③　労務費相当分の現金支払いを令和７年度に100％へ

の3目標を掲げました。

改正に伴う具体的措置は元請会社が負う内容が主でしたが、下請会社としてもそれに対応した労務管理を求められることとなり、中小建設業に対しても大きな影響を及ぼしています。

7 | 国交省と業界団体は改革を加速

① 国土交通省（国交省）

「建設業の担い手については概ね10年後に団塊世代の大量離職が見込まれており、その持続可能性が危ぶまれる状況」との危機感のもと、「他産業では一般的となっている週休2日も十分に確保されておらず、給与についても建設業者全体で上昇傾向にありますが、生産労働者については、製造業と比べて低い水準にあります。将来の担い手を確保し、災害対応やインフラ整備・メンテナンス等の役割を今後も果たし続けていくためにも、建設業の働き方改革を一段と強化していく必要があります」。

a) 長時間労働の是正、週休2日の確保に関する取組み

週休2日制の導入を後押し、適正な工期設定の推進など。

b) 給与・社会保険に関する取組み

技能や経験にふさわしい処遇（給与）の実現、社会保険未加入企業は、建設業の許可・更新を認めない仕組みの構築など。

c) 生産性向上に関する取組み

建設生産システムの全段階でICT活用を促進、各種手続、申請の電子化による仕事の効率化など。

の基本施策のもと、「働き方改革・建設現場の週休2日サイト」を設け「建設業の働き方改革を推進する観点から・・最新の施工実態等を踏まえ、令和4年3月に『工事における週休2日の取組みに要する費用の計上について（試行）』及び『週休2日交代制モデル工事の試行について』等を発出し、必要経費の計上方法を見直すなど週休2日工事の拡大に向け

た取り組みを行っています。」

☞　　上記に関する詳細は以下の検索サイトを参照。

・「建設業働き方改革加速化プログラム」（平 30.3.20）「建設産業・不動産業新・担い手3法（品確法と建設業法・入契法の一体的改正）について」（令元.6.12）
・「（国交省）週休2日応援ツール」（令 4.3.31）

②　日本建設業連合会（日建連）

日建連は、政府の「働き方改革実行計画」の策定とほぼ同時に「週休二日推進本部」を設置し「行動計画の基本フレーム」を決定しています（日建連「週休二日実現行動計画」平成29年12月）。それによると「『建設業に週休二日なんてとても無理』と自他共に認めてきたタブーに、業界の命運をかけてチャレンジすることとした。…長年続いた慣行を足許から変革する大変な難題ではあるが、明日の建設業を切り開くという強い意志と、不退転の覚悟をもって、建設業界挙げて取り組まなければならない」として次の施策を進めるとしています。

┃ 2022 年度以降の活動

①　2023 年度末までに4週8閉所の実現（「土日閉所」に拘らず「年間 104 閉所」の実現）を目指す。
②　2024 年度を4週8閉所定着確認の1年とする。
③　「週休二日」の更なる定着を図るため「4週8休」の確実な取得に向けた取組みを推進する。
④　閉所状況と併せて、作業所勤務社員の週休二日の実施状況（4週8休）のフォローアップを行う。

☞　　詳細は一般社団法人日本建設業連合会 HP「働き方改革の推進基本方針」「週休二日実現行動計画について」を参照。

③　全国建設業協会（全建）

　全建「働き方改革行動憲章」（平成 29 年 9 月）に基づき「働き方改革の一層の促進・深化に向け、引き続き『目指せ週休 2 日＋ 360 時間（2 ＋360 ツープラスサンロクマル）運動』を推進する」「「建設業の実務担当者向け改正労働基準法の基本 Q ＆ A（仮称）」を作成し、作成済みの 2＋360 運動リーフレットと併せて、建設業における時間外労働の罰則付き上限規制のポイント、例外となる災害復旧等における労働時間管理等について周知する。働き方改革推進支援センター（厚生労働省委託事業）と連携し、同センターの建設業支援メニューを周知するとともに、労働時間管理の基本となる雇用管理、個々の労働者の労働時間の把握方法・管理方法に関するセミナー等を開催し、会員企業の取組を支援する。週休 2 日の普及を進めるため、休日が増えても技能者の減収にならない賃金となるよう、補正係数の引上げや休日分を補う労務単価の増額等必要な措置について提言・要望を行う」（令和 5 年度事業計画。2023.5）。

④　全国中小建設業協会（全中建）

　「地域建設業は…地域の雇用や経済活動を支えるとともに、一旦災害が発生した際は、その最前線で対応に当たる「地域の守り手」として、極めて重要な社会的使命を長年にわたり果たしてきた。地域建設業がその社会的使命をこれからも持続的に果たしていくためには、公共事業等による安定的・持続的な事業量の確保、処遇改善、働き方改革等による担い手の確保、経営基盤の確立など、様々な課題を克服していかなければならない。」として「事業計画」の中に「働き方改革及び担い手確保と育成」とする 1 項目を設け、「若年労働者の確保と労働環境改善」「週休 2 日制導入」「女性活躍施策」「社会保険加入促進」など 10 項目を設定しています（令和 5 年度事業計画）。

⑤　建設産業専門団体連合会（建専連）

建専連では、「第17回総会決議（技能労働者の直用化、月給制、週休2日制等。平30.5）の取組に加えて、適正かつ安定した請負金額の確立に向け、元請企業やその他の発注者等に理解を得るべく活動いたします」として「人材確保・育成」「働き方改革における週休2日制、時間外労働対応」「女性入職促進、就労継続」などの7事業を取り上げています（令和5年度事業計画書）

⑥　全国建設労働組合総連合（全建総連）

62万人余の建設作業従事者が参加している全建総連では「働き方改革関連法に対応した適正な雇用ルールの学習と周知、『労働時間の適正な把握義務』等への対応を急ぎ、労働条件の明確化（雇入れ通知書・就業規則）、36協定の締結と届出、時間外労働の上限規制対応等を社会保険労務士、労働基準監督署等との連携により進め、他産業に負けない労働条件の実現をめざします」

「発注者の理解が不可欠な長時間労働是正のための適正な工期と単価の設定、発注の平準化、現場閉所と週休二日を前提とした契約や就労の環境整備とともに、労働者側としては、稼働時間や日数が減少しても収入が減らないための施策確保が欠かせません。賃金・単価の抜本的な改善、時間外・休日労働が避けられない場合の割増補償、月給制等の課題について要求をまとめ、他産業との後継者獲得競争に負けない労働条件改善の運動を進めていきます」として新たにリーフレットを作成し「2024.4〜働き方改革関連法が建設業に全面適用されます」「働き方改革関連法についてもう一度しっかり復習してみましょう」「労働時間の記録、管理が特に重要です」等について具体的内容を込めて組合員へ周知する運動を進めています。

　☞　上記に関する詳細は「全国建設労働組合総連合」のホームページを参照。

2 | 中小建設業の現状

1 | 技能者の高齢化、若年入職者は少数

業界全体の労務構成の大きな特徴として、令和4年現在で、技能者（職人）300万人余（**図1**）のうち、55歳以上者が35.9％（うち、60歳以上が約25.7％（※））、29歳以下が11.7％（**図2**）となっており、他産

図1　建設業における職業別就業者数の推移

出典：総務省「労働力調査」（暦年平均）を基に国土交通省で算出

（※平成23年データは、東日本大震災の影響により推計値）

出典：国土交通省『建設業における働き方改革』中部地方整備局建政部（令和5年8月）

業に比して高年齢者が多く若年者が少ないという実態が挙げられます。

今後10年以内には60歳以上者の大量退職が見込まれているにもかかわらず若年就労者はその半数も満たしておらず、新規学卒者の入職者も4万人前後で推移しています（**図3**）。

厳しい経営環境にある中小建設業にあってはこの影響を大きく受け、慢性的人手不足に陥っているのが実態です（**図4**）。

※ 総務省労働力調査（令和3年平均）を基に国交省推計

図2 年齢階層別の建設技能者数

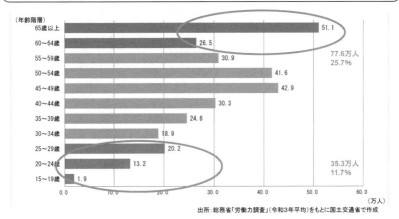

○60歳以上の技能者は全体の約4分の1（25.7%）を占めており、10年後にはその大半が引退することが見込まれる。
○これからの建設業を支える29歳以下の割合は全体の約12%程度。若年入職者の確保・育成が喫緊の課題。
⇨ 担い手の処遇改善、働き方改革、生産性向上を一体として進めることが必要

出所：総務省「労働力調査」(令和3年平均)をもとに国土交通省で作成

出典：国土交通省『建設業における働き方改革』中部地方整備局建政部（令和5年8月）

図3 新規学卒者の入職状況

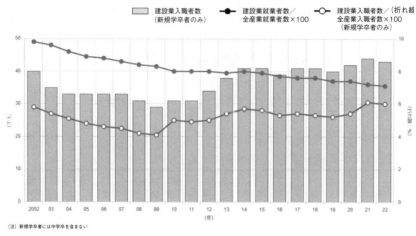

凡例：
- 建設業入職者数（新規学卒者のみ）
- 建設業就業者数／全産業就業者数×100（折れ線）
- 建設業入職者数／全産業入職者数×100（新規学卒者のみ）（折れ線）

（注）新規学卒者には中学卒を含まない

資料出所：文部科学省「学校基本調査」
　　　　　総務省「労働力調査」

　就業者高齢化の要因の一つとして、新規学卒者の建設業への入職者数減少があげられる。建設業への入職者は減少が続いてきたが、2009年の2.9万人を底に増加に転じ、2022年には4.3万人と2014年以降4万人台を維持している。

出典：一般社団法人日本建設業連合会『建設業ハンドブック2022』

図4 建設技能労働者の過不足率

現場の建設技能労働者の過不足率は、過去10年の変動幅の範囲内にあり、総じて落ち着いている。

（出所）国土交通省「建設労働需給調査」
※対象は型枠工（土木、建築）、左官、とび工、鉄筋工（土木、建築）の6職種
※過不足率＝((②-③)／(①+②))×100
　（手持ち現場において①確保している労働者数、②確保したかったが出来なかった労働者数、③確保したが過剰となった労働者数）

出典：国土交通省『最近の建設業を巡る状況について［報告］』

2 | 60%超が中小規模

　令和5年3月末現在、建設業者数は建設業許可を得ているだけでも47万5,000社（**図5**）ですが、個人事業者が14.4%、資本金500万円以下が28.8%となっており、その両者で43%超（20万社超）を占めています（**図6**）。

　ほかに建設業許可を得ていない中小規模業者も相当数あり、建設業全体ではその比率は相当高いものと思われます。

　この実態は、下請負仕事の獲得のために中小規模業者が低価格受注額で競い合うことにもつながっています。

▌図5　許可事業者数

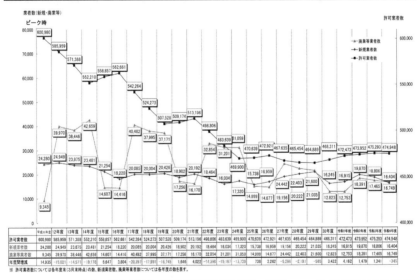

出典：国土交通省『建設業許可業者数調査の結果について』（令和5年5月24日）

図6　資本金階層別業者数

●資本金階層の別	許可業者数	構成比	累積構成比
①個人	68,274	14.4%	14.4%
②資本金の額が200万円未満の法人	27,744	5.8%	20.2%
③資本金の額が200万円以上300万円未満の法人	6,100	1.3%	21.5%
④資本金の額が300万円以上500万円未満の法人	103,116	21.7%	43.2%
⑤資本金の額が500万円以上1,000万円未満の法人	91,537	19.3%	62.5%
⑥資本金の額が1,000万円以上2,000万円未満の法人	97,801	20.6%	83.1%
⑦資本金の額が2,000万円以上5,000万円未満の法人	62,656	13.2%	96.3%
⑧資本金の額が5,000万円以上1億円未満の法人	12,299	2.6%	98.9%
⑨資本金の額が1億円以上3億円未満の法人	3,013	0.6%	99.5%
⑩資本金の額が3億円以上10億円未満の法人	1,194	0.3%	99.7%
⑪資本金の額が10億円以上100億円未満の法人	911	0.2%	99.9%
⑫資本金の額が100億円以上の法人	303	0.1%	100.0%

出典：国土交通省『建設業許可業者数調査の結果について』（令和5年5月24日）

3　業種・仕事の多様性

　建設業許可業種は現在29業種となっていますが、仕事（工事別）で見ると40近くに分かれています（図7、8）。

　また、例えばマンション新築工事で見ると1棟の完成には30近い工事工程を経る必要があります（図9）。

　中小建設業の場合、複数の工事工程能力を有している会社よりも特定の工事能力を生かした専門工事業者が多いため、他の専門工事業者との連携、協働が少なくありません。それにより、自社の工事日程が前工程を担当する会社の工事進捗状況により変更を余儀なくされるなど自社の都合だけでは進められないことも少なくありません。

　このため前工程会社の作業が予定日よりも遅れたにもかかわらず自社工程の次工程への引継ぎ日は予定日通りでなければならない場合、時間外労働や休日出勤が必要となり、その就労に対応した時間管理と賃金支払いをしなければならないことになります。

図 7　建設業許可業種（29 業種）

建設工事の種類	業種	略号
土木一式工事	土木工事業	土
建築一式工事	建築工事業	建
大工工事	大工工事業	大
左官工事	左官工事業	左
とび・土工・コンクリート工事	とび・土工・コンクリート工事業	と
石工事	石工事業	石
屋根工事	屋根工事業	屋
電気工事	電気工事業	電
管工事	管工事業	管
タイル・れんが・ブロック工事	タイル・れんが・ブロック工事業	タ
鋼構造物工事	鋼構造物工事業	鋼
鉄筋工事	鉄筋工事業	筋
舗装工事	舗装工事業	舗
しゅんせつ工事	しゅんせつ工事業	しゅ
板金工事	板金工事業	板
ガラス工事	ガラス工事業	ガ
塗装工事	塗装工事業	塗
防水工事	防水工事業	防
内装仕上工事	内装仕上工事業	内
機械器具設置工事	機械器具設置工事業	機
熱絶縁工事	熱絶縁工事業	絶
電気通信工事	電気通信工事業	通
造園工事	造園工事業	園
さく井工事	さく井工事業	井
建具工事	建具工事業	具
水道施設工事	水道施設工事業	水
消防施設工事	消防施設工事業	消
清掃施設工事	清掃施設工事業	清
解体工事（※ H28. 6. 1 以降）	解体工事業	解

図8　建設の仕事

土木工事業・建築工事業・機械土工工事業・舗装工事業・プレストレストコンクリート工事業・浚渫工事業・造園工事業・大工工事業・基礎工事業・とび（鳶）土工工事業・鉄筋工事業・ガス圧接工事業・型枠大工工事業・コンクリート圧送工事業・建設揚重業・鋼構造物工事業・左官工事業・タイル、れんが、ブロック工事業・外壁仕上工事業・内装仕上工事業・塗装工事業・板金工事業・屋根工事業・防水工事業・金属製建具工事業・切断穿孔工事業・電気工事業・消防施設工事業・管工事業・空調衛生設備工事業・熱絶縁工事業・計装工事業・解体工事業・道路標識、標示業・測量業・地質調査業・建設コンサルタント・建築士

（「建設業界ガイドブック」建設産業人材確保・育成推進協議会）

図9　マンション工事施工工程（例）

仮設工事　→　杭打工事　→　土工事　→　コンクリート工事　→　型枠工事　→　鉄筋工事　→　鉄骨工事　→　ALC工事　→　ブロック工事　→　カラーベスト工事　→　金属・錺工事　→　防水工事　→　左官工事　→　タイル工事　→　石工事　→　土工事（材料）　→　土工事（手間）　→　鋼製建具工事（サッシ）　→　鋼製建具工事（シャッター）　→　木製建具工事　→　硝子工事　→　内装工事　→　塗装工事　→　吹付工事　→　畳工事　→　クリーニング工事　→　雑工事（ユニットバス）　→　雑工事（流し台）　→　家具工事　→　電気工事　→　給排水衛生設備　→　浄化槽　→　造園（植樹）　→　舗装工事　→　外装工事

4 | 厳しい労働条件

　令和4年度平均では、年間出勤日数が、建設業全体平均で240日となっており、製造業平均の226日に対し14日多く、全産業平均の211日に対しては29日多くなっています（図11）。その結果、年間労働時間も建設業平均1,986時間で、製造業平均1,912時間、全産業平均1,718時間をそれぞれ74時間、268時間上回る時間となっています（図12）。

　上記の根拠となっているのが休日の少なさで、建築工事では45%の会社が4週4休以下（週6日以上就労）となっています（図13）。

　給与形態では、技能労働者の月給制は45%となっており（図10）、年収は、令和4年時点の建設業全体・男性平均では560万円で、製造業・男性平均とほぼ同額ですが生産労働者（技能者）にあっては100万円ほど低く、小規模（99人以下）の場合はさらにその80%程度といわれています。年間出勤日数が製造業より多い分、実質的にはより低いといえます。

図10　職員の賃金の支払い基準について

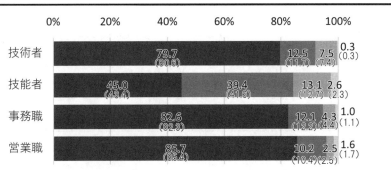

■月給制
■日給月給制
■職位等により、月給・日給月給制を併用
■その他

出典：（一社）全国建設業協会・令和3年8月の会員アンケート結果

図11　年間出勤日数の推移

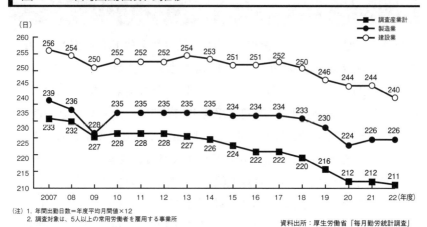

（注）1. 年間出勤日数＝年度平均月間値×12
　　　2. 調査対象は、5人以上の常用労働者を雇用する事業所

資料出所：厚生労働省「毎月勤労統計調査」

建設業の年間出勤日数は、調査産業計に比して30日、製造業に比して17日多い。これは、建設現場において週休二日が定着していないことが要因と考えられる。

出典：一般社団法人日本建設業連合会『建設業ハンドブック』

図12　労働時間の推移

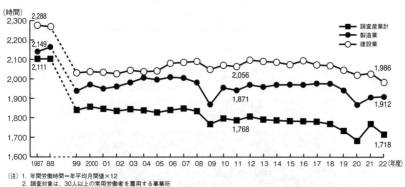

（注）1. 年間労働時間＝年平均月間値×12
　　　2. 調査対象は、30人以上の常用労働者を雇用する事業所

資料出所：厚生労働省「毎月勤労統計調査」

わが国の労働時間数は、80年代後半以降、週休二日の普及により急速に減少し、建設業においても88年～98年までの10年間に1割減少するなど大幅に改善した。しかし、建設業は依然として他産業よりも労働時間が長く、2018年は調査産業計に比べて約300時間増の長時間労働となっている。

出典：一般社団法人日本建設業連合会『建設業ハンドブック』

▋図13　建設業における休日の状況

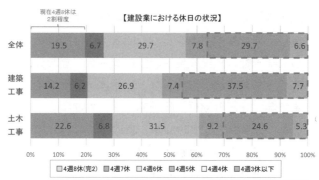

○　建設工事全体では、技術者の約4割が4週4休以下で就業している状況。

現在4週8休は
2割程度

【建設業における休日の状況】

	4週8休(完2)	4週7休	4週6休	4週5休	4週4休	4週3休以下
全体	19.5	6.7	29.7	7.8	29.7	6.6
建築工事	14.2	6.2	26.9	7.4	37.5	7.7
土木工事	22.6	6.8	31.5	9.2	24.6	5.3

□4週8休(完2)　■4週7休　□4週6休　□4週5休　□4週4休　□4週3休以下

※建設工事全体には、建築工事、土木工事の他にリニューアル工事等が含まれる。
出典：日建協「2020時短アンケート」を基に作成

出典：国土交通省『最近の建設業を巡る状況について［報告］』（令和3年10月15日）

▋表14　労働賃金の推移

年間賃金総支給額　　　　　　　　　　　　　　　　　　　　　　　　　単位：千円

		全産業男性労働者	製造業男性労働者	建設業男性労働者	製造業男性生産労働者	建設業男性生産労働者
平成26	2014	5,360	5,374	6,168	4,917	4,086
27	2015	5,477	5470	5,348	4,614	4,327
28	2016	5,494	5517	5,553	4,682	4,177
29	2017	5,517	5527	5,540	4,703	4,450
30	2018	5,585	5602	5,713	4,764	4,625
31 令和元	2019	5,610	5588	5,730	4,787	4,624
令和2	2020	5,460	5381	5,619		
令和3	2021	5,464	5404	5,585		
令和4	2022	5,549	5534	5,619		

（注）1. 年間賃金総支給額＝決まって支給する現金給与額×12＋年間賞与その他特別
　　　　給与額
　　　2. 調査対象は、事業所規模10人以上の事業所に雇用される常用の男性労働者
　　　3. 労働者とは、生産労働者及び管理・事務・技術労働者
　　　4. 生産労働者のデータは2020年以降公表されていない。
資料出所：厚生労働省「賃金構造基本統計調査」

| コラム① |　中小建設業者は情報不足

　一口に建設業といっても職種別に分けると土木工事業、建築工事業、鉄筋工事業、型枠工事業など一般的には 38 職種に分類され、それらの事業者は職種ごとに専門工事業団体を結成して職種独特の様々な取組みを行っています。

　前記した（一社）建設産業専門団体連合会（建専連）には、土木系で「日本基礎建設協会」など 8 団体、躯体系で「日本型枠工事業協会」など 8 団体、仕上系で「日本建築板金協会」など 13 団体、設備系で「消防施設工事協会」など 4 団体が参加しています。同連合会では毎年、全国で行っている個別事業者の労務管理担当者を対象とした雇用管理研修の場で行政の最新情報も伝えています。加入している専門工事業団体はそれと並行して「労務対策に関する調査研究」（日本型枠工事業協会）、「働き方改革・週休 2 日制に関するアンケート」（全国管工事業協同組合連合会）、「職種に対応した法定福利費込み標準見積書作成」（ほぼ全団体）などの働き方改革への取組みをはじめ職種独特の技能研修や出版物の発行、関係省庁の職種関連施策への協力や働きかけなどを行っています。

　こうした動きにより専門工事業団体に加入している事業者には国交省や厚労省の施策、指示等が浸透しやすくなっていますが、中小規模建設業者にあっては専門工事業団体に加入していない例も少なくなく、行政や元請会社から「働き方改革」を迫られていながら何を、どうすべきか依然として困惑している実態が見受けられます。社会保険労務士など労務管理の専門家が引き続き求められている所以です。

第2章

中小建設業における
緊急課題

1 | 2024年問題

　中小建設業における2024年問題の核心は技能者の労働時間管理です。直接は時間外労働の上限規制（※1）ですが、より核心的なことは労働基準法（以下、「労基法」という）に則った法定労働時間というルールを企業規模を問わず他産業なみに労務管理に取り入れなければならないということにあります。

　建設業は工事ごとに就労場所が変わり、出退勤に要する時間も変わることから直行直帰も少なくないためタイムカード方式の勤怠管理はなじまないとされてきました。加えて日給制が主となっていることから〇×式勤怠管理（俗に出面（でづら）管理といわれる）も少なくありませんでした。〇×式では就労したか否かをチェックするだけですから労働時間管理という概念はなく時間外労働、休日出勤などの概念もありません。

　また、別問題として所定始業時刻前の拘束時間（※2）と集団移動中の拘束時間（※3）のいずれもが事実上、事業主の管理下（指揮命令下）にあるにもかかわらず無給となっているという実態もあります。

　2024年問題とは建設業において長年の「慣習」「常識」とされてきた独特の労働時間概念の変革を求め、国交省、厚労省、業界主要団体が一体となって進めてきた建設業の働き方改革の集大成に対応していくことでもあります。

　労働時間管理の変革は、日給制から月給制への移行とともに経営改革でもあります。この改革に対応できない企業は業界からの撤退も余儀なくされることになります。

　※1　2024年4月1日以降、建設業に適用される時間外労働の上限規制については78頁参照。

※2　建設業の作業現場では通常、就業開始時刻（朝礼）が午前8時となっています。作業現場が会社と離れていることが多いこともあり多くの会社では技能労働者（職人）が一旦、会社へ集合して移動します。このとき作業現場への移動時間を考慮して集合時刻を会社の所定始業時刻前の午前6時前後としている例も少なくありません。この会社への集合時刻から所定始業時刻までの時間は事実上の拘束時間に当たりますが、労働時間（賃金支払い対象時間）に含まれていないケースが当たり前となっています。

※3　多くの建設業社の場合、会社から作業現場への出退勤方法としてマイクロバス等で集団的に移動するのが一般的です。移動中の車内で業務の打合せをすることがあったり、作業現場に駐車スペースが少ないことなどがあるからです。この場合移動時間は事実上、会社の指揮命令下にあるといえる例が多いにもかかわらず労働時間（賃金支払い対象時間）に含まれていないケースがほとんどとなっています。

2 一人親方問題

　建設業界の一人親方は150万人前後といわれますが近年増加傾向（※1）にあり、主な増加理由として中小建設業において、経営の厳しさ等から社会保険料削減のために社員を一人親方化させていることが挙げられています。

　これについて国交省は、「法定福利費等の削減を意図した技能者の一人親方化が進んでいることに留意し、元請負人は下請負人に対して、一人親方との関係を記載した請負通知書及び請負契約書の提出を求め、請負契約書の内容が適切であるかどうかを確認すること」とする通知を業界団体に発出しました（※2）。この通知により中小建設業（自社）においても

　①　元請が自社が使用している一人親方の現場入場を認めている場合、
　②　自社の元請工事のために一人親方を使用している場合

はいずれも当該一人親方に対する適切な「請負通知書及び請負契約書」の通知、作成を求められることとなりました。

　中小建設業では一人親方に対しては口頭約束のみで契約書等は交わしていない例や、他社への移籍を防ぐために原材料や道具類を提供している例、現場で作業内容等を指示している例（偽装請負）が少なくありません。

　しかし、今後は上記通知により本来の一人親方契約を締結しなければならないことになります。

　なおその場合、当該一人親方に対して国交省が作成し普及を進めている「自己診断チェックリスト」（※3）を確認するよう指導する必要があります。ちなみに、令和4年11月に国交省が実施した建設事業者に対

する調査では約7割の業者が「チェックリストを知らない」という結果が出たため、国交省では令和5年度に「規制逃れを目的とした一人親方に関する説明会」を全国10都市で行い、その後オンライン説明会も実施したところです。

　中小建設業における一人親方問題については以下についても対応が求められています。国交省による「適切な保険に加入していることを確認できない作業員については、特段の理由がない限り現場入場を認めない取扱いを求める」（社会保険に関する下請指導ガイドライン・令4.4.1改訂）とした行政指導が徹底されつつあることにより日建連加盟のゼネコンが、下請に対して「現場入場者は社員であることを証する」ものの提示を求めてきていることです。

　日建連加盟のゼネコンが「下請は原則二次まで」と申し合せていることからして二次下請として現場に入ることが多い中小建設業においては、一人親方化した元社員や人出確保のため契約している一人親方を、「社員」ということにし（本来の一人親方契約（外注）にすると三次下請になってしまうため）、偽装「雇用契約書」や偽装「賃金台帳」を元請に提示する、あるいは元請仕事をする期間のみ一時的に社員にするなどの対応をしてきた例も少なくありません。

　しかし、そのままだとゼネコン等から請負契約を打ち切られる可能性があり、対応として偽装社員状態の一人親方を正社員にするかまたは新たに正社員を雇用するかが求められています。

　　※1　「継続的に従事する一人親方」は調査事業所において令和元年度
　　　　29.6%（32.5%）、令和2年度32.4%（36.4%）。（　）内は従業員9人
　　　　以下の事業所。（国交省「第5回建設業の一人親方問題に関する検討
　　　　会資料」（令3.9.2））
　　※2　下請契約及び下請代金支払の適正化並びに施工管理の徹底等につい
　　　　て（令5.12.1）
　　※3　リーフレット「みんなで目指す　クリーンな雇用・クリーンな請負
　　　　の建設業界」（国交省）

| コラム② | 法人化と経営・管理ビザ

　中小建設業界では外国人の一人親方も多くいて、当該外国人が法人化を希望することもあります。その際、外国人一人親方が法人を設立後、建設会社の代表者となり「経営・管理」の在留資格を申請し、日本での継続的な滞在を希望するケースがあります。

　外国人が日本において貿易その他の事業の経営を行いまたは当該事業の管理に従事する場合には「経営・管理」の在留資格の申請、取得が考えられるのです。もちろん法人化したからといって、在留資格が得られるとは限らないのですが、当該外国人にとっては死活問題でもあります。

　しかし、「経営・管理」の在留資格の認定のためには、経営のための「事務所の確保（存在）」および「事業の継続性」の要件が必要とされ、これが厳格に運用されています。

　中小建設業界において実績を積んできた外国人一人親方であっても、会社を設立したうえで適正な会社運営を行い、上記要件を充足していることを出入国在留管理庁に把握してもらえるように各種書類を用意することは、なかなかハードルが高いように思われます。

　実務的には、平成17年8月に入国管理局より出された「外国人経営者の在留資格基準の明確化について」、令和4年10月に出入国在留管理庁より策定された「「経営・管理」の在留資格の明確化等について」とするガイドラインがあるため、これらを意識しながら申請する必要があります。建設会社の外国人経営者においては、これまでの建築実績、経営方針、取引先との関係、資金繰り、組織体制（他の役員、従業員など）を踏まえて、丁寧に申請書類を作る必要があります。申請のための必要書類は多岐に及ぶのですが、従業員に対する賃金支払いに

関する文書など労務に関する書類も必要となります。当然、労務管理をしっかり行っている経営者のほうが有利となるでしょう。

　ちなみに、出入国管理及び難民認定法施行規則において、弁護士または行政書士で必要な届出をした者は在留手続の代理ができることになっています。これら専門家との連携も重要になります。

3 | 技能実習・特定技能制度の見直し

　技能実習生は令和5年10月末現在全産業で41万人強、特定技能就労者は17万人強となっています。建設業関係の技能実習生は令和3年度末で11万人でしたが新型コロナ感染症蔓延に伴う移動制限により同4年度末時点では7万人台へ減少したものの令和5年10月時点では8万9千人弱と増加に転じています。

　技能実習生、特定技能就労者は今や日本の産業、特に若年就業層において重要な役割を担っているところ、法律の理念（※1）と運用の実態（事実上、雇用労働者として労働力不足の補完となっているなど）に乖離が生じているうえ、法令違反も少なくないとして制度の見直しが行われ、有識者会議による改革提言が出されているところです。提言では、現行の法律目的（技能・技術・知識の移転による国際協力）について「人材確保と人材育成を目的とする新たな制度とするなど実態に即した見直しとする」としています（図1）。

　本書執筆時点では改革の具体的法令が未定（※2）のため受入企業としての対応策も不確定ですが、技能実習生の別会社への転籍要件が緩和される可能性があることから賃金を含む待遇条件について現行以上に配慮が必要になると思われます。

　特に賃金・賞与については他社との比較要件で重視されることから日本人労働者と同程度の水準にしないと転籍される可能性が高くなります。例えば、初任実習生であっても少なくとも日本人高卒初任給並にすることが求められ、「安価な労働力」という考え方は根本から見直すことになります。技能実習生を受け入れているあるいは受け入れようとする中小建設業にあっては、技能実習制度見直し後を見据えた待遇を今か

ら検討しておく必要があります。

※ 1　外国人の技能実習の適正な実施及び技能実習生の保護に関する法律 1
条「技能実習の適正な実施及び技能実習生の保護を図り、もって人
材育成を通じた開発途上地域等への技能、技術又は知識（以下「技
能等」という。）の移転による国際協力を推進することを目的とする。」
（法違反の監理団体、受入企業には許可取消等の行政処分が行われて
います）

※ 2　令和 6 年 1 月の通常国会で法案が審議される予定ですが可決された
としても施行令等詳細が決まるのはさらに先になるものと思われま
す（169 頁参照）。

図 1　最終報告書

最終報告書（概要） （技能実習制度及び特定技能制度の在り方に関する有識者会議）　　　　令和 5 年 11 月 30 日

①　見直しに当たっての基本的な考え方

見直しに当たっての三つの視点（ビジョン）

国際的にも理解が得られ、我が国が外国人材に選ばれる国になるよう、以下の視点に重点を置いて見直しを行う。

外国人の人権保護	**外国人のキャリアアップ**	**安全安心・共生社会**
外国人の人権が保護され、労働者としての権利性を高めること	外国人がキャリアアップしつつ活躍できる分かりやすい仕組みを作ること	全ての人が安全安心に暮らすことができる外国人との共生社会の実現に資するものとすること

見直しの四つの方向性

1　技能実習制度を<u>人材確保と人材育成を目的とする</u>新たな制度とするなど、実態に即した見直しとすること

2　外国人材に我が国が選ばれるよう、<u>技能・知識を段階的に向上させその結果を客観的に確認できる仕組み</u>を設けることで<u>キャリアパスを明確化</u>し、新たな制度から<u>特定技能制度への円滑な移行</u>を図ること

3　人権保護の観点から、一定要件の下で<u>本人意向の転籍を認める</u>とともに、<u>監理団体等の要件厳格化や関係機関の役割の明確化</u>等の措置を講じること

4　<u>日本語能力を段階的に向上させる</u>仕組みの構築や<u>受入れ環境整備の取組</u>により、<u>共生社会の実現</u>を目指すこと

留意事項

1　<u>現行制度の利用者等への配慮</u>
　見直しにより、現行の技能実習制度及び特定技能制度の利用者に<u>無用な混乱や問題が生じない</u>よう、また、<u>不当な不利益や悪影響を被る者が生じない</u>よう、きめ細かな配慮をすること

2　<u>地方や中小零細企業への配慮</u>
　とりわけ人手不足が深刻な地方や中小零細企業において<u>人材確保が図られる</u>ように配慮すること

出典：技能実習制度及び特定技能制度の在り方に関する有識者会議最終報告書（令和5年11月30日）

6 新たな制度から特定技能への移行等

- 新たな制度から特定技能1号への移行は、以下を条件。
  ①技能検定試験3級等又は特定技能1号評価試験合格
  ②日本語能力A1相当以上の試験（日本語能力試験N4等）合格
  ※当分の間は1級講習受講を以て可とする。
- 試験不合格となった者には再受験等のための最長1年の在留継続を認める。
- 実習・委託者責任を登録支援機関に限定し、職員配置等の登録要件を厳格化。
- 育成途中で特定技能1号への移行は本人意向の転籍等を踏まえたものとする。

7 国・自治体の役割

- 地方入管、新たな機構、労基署等が連携し、不適正な受入れ・雇用を排除。
- 制度所管省庁は、業所管省庁との連携推進等、制度運用の中心的役割。
- 業所管省庁は、受入れ見込数の設定、キャリア形成プログラム策定、分野別協議会の活性化等。
- 日本語教育機関の適正かつ確実な計画的実施、水準の維持向上。
- 自治体は、地域協議会の積極的な参画等により、共生社会の実現、地域産業の活性化の観点から、外国人材及び受入れ環境整備等の取組を推進。

8 送出機関及び送出しの在り方

- 二国間取決め（MOC）により送出機関の取締りを強化。
- 送出機関・送出しの情報の透明性を高め、送出国間の競争を促進するとともに、本人負担の軽減。
- 費用の見える化、手数料の上限設定、外国人送り出し機関が適切に分担する仕組みを導入。
- 来日後のミスマッチ等を防止。

9 日本語能力の向上方策

- 継続的な学習による段階的な日本語能力の向上。
  ・就労開始前に日本語能力A1相当以上の試験（日本語能力試験N5等）合格又は相当日本語講習受講
  ・特定技能1号移行時にA2相当以上の試験（"N4"等）合格又は相当日本語講習受講
  ・特定技能2号移行時にB1相当以上の試験（"N3等"）合格
  ※日本語能力A1・A2・B1は欧州言語共通参照枠を参考とした水準を示す（N5・N4・N3に同じ）。

10 その他（新たな制度に向けて）

- 政府は、人権侵害行為に対しては現行制度下でも可能な限り対応を迅速に行う。
- 現行制度の移行期間を十分に確保するとともに、工程表等を策定し円滑な移行を図る。
- 現行制度の利用者等に不当な不利益を生じさせることなく、激変緩和を図るため、本人の意向の転籍等に関する分野ごとの期間について、当分の間、分野によっては1年を超える分を認めることとする。
- 政府は、新たな制度支援、相談体制を整備。関係省庁の理解促進を図る。
- 日本語教育機関認定法の施行後も、教育の質の向上に努める。
- 政府は、新たな制度及び特定技能制度の施行後も、運用状況について不断の検証と見直しを行う。

---

② 提言

1 新たな制度及び特定技能制度の位置付けと両制度の関係性等

- 現行の技能実習制度を発展的に解消し、人材確保と人材育成を目的とする新たな制度を創設。
- 基本的に3年間の育成期間で、特定技能1号の水準の人材に育成。
- 特定技能制度は、適正化を図った上で現行制度を存続。
  ※現行の各制度のうち、新たな制度とは別の枠組みでの受入れを図ったものは適正化を図った上で引き続き検討。

2 受入れ対象分野や人材育成機能の在り方

- 受入れ分野は、現行の技能実習制度での対象分野ではなく新たに「特定技能」の「特定産業分野」に限定して設定。
  ※現行制度における育成可能分野と異なる分野が存在する。
- 従事できる業務の範囲は、特定技能の業務区分と同一とし、「主たる技能」を定めて育成（育成開始時から特定技能1号移行時まで同一とし、転籍には同一分野内での転籍を原則認める）。
- 評価は、育成修了時・特定技能1号移行時の技能・日本語能力を試験により確認。
- 季節性のある分野（農業・漁業）で、雇用形態の特例を検討。

3 受入れ見込数の設定等の在り方

- 特定技能制度の考え方と同様、新たな制度でも受入れ対象分野ごとに受入れ見込数を設定（受入れの上限数として運用）。
- 新たな制度及び特定技能の受入れ見込数が経済情勢等の変化に応じて適切に変更。試験を反映する会議体の意見を反映する政府が判断。

4 新たな制度における転籍の在り方

- 「やむを得ない事情がある場合」の転籍の範囲拡大・明確化・手続を柔軟化。
  これに加え、以下要件を本人意向の転籍も認める。
  ・同一機関での就労が1年超（技能検定・計画的な人材育成等の観点から、一定要件（同一機関での技能・日本語能力A1相当以上の試験（日本語能力試験N5等）合格／転籍前後で従事する業務が同一）を満たし。
- 転籍前の機関が負担した初期費用については、特定技能にも適用する分担の仕組みを導入。
- ハローワーク・技能実習機構による支援を行うとともに民間職業紹介事業者等の関与は監理団体の許可制・優良認定の措置に。
- 育成終了前に帰国した者については、それまでの新たな制度による在留期間が2年以下の場合、前回滞在と通算した再入国を認める。
- 試験合格者等受入れ機関・監理団体の許可・優良認定の在り方。

5 監理・支援・保護の在り方

- 技能実習機構の監督指導・支援保護指導や労働基準監督署・地方出入国在留管理局との連携強化等の機能強化し、特定技能外国人への相談援助業務を追加。
- 監理団体の許可要件等厳格化。
  ・受入れ機関と密接な関係を有する役職員の関与の制限／外部監視の強化。
  ・受入れ機関ごとの監理担当者の配置、財政基盤、中立性確保。
  ・職員配置、相談対応等の要件厳格化。
- 受入れ協議会への加入を受入れ機関の要件とし、受入れ人数枠等を育成・支援体制適正化。
- 分野別協議会等団体について受入れ機関ごとの受入れ人数枠等を育成。手続簡素化といった優遇措置。

4 | 経営事項審査の改正とワーク・ライフ・バランス

　経営事項審査（※ 1）については様々な改正が段階的に行われてきました。社会保険未加入会社は減点とする評価（平成 20 年）、技術者の出産等の特例の導入（平成 28 年度）、監理技術者講習受講者の加点（令和 4 年 8 月）、女性活躍推進法による「えるぼし」認定会社の加点（令和 5 年 1 月）、建設キャリアアップシステム活用会社の加点（令和 5 年 8 月）などです。

　そして令和 6 年 1 月以降はワーク・ライフ・バランス（WLB。※ 2）推進に取り組む会社については総合評価方式での加点対象を土木・建築工事の一部の限定適用から全案件に拡大することになりました。そのため、公共事業への入札を希望する会社においては WLB 環境の整備に留意する必要があります。

　中小建設業の中には、経営事項審査の対象になる工事は請け負わないから関係ないとする考え方もあるかもしれません。しかし、WLB については今や企業規模を問わず建設業界全体の課題です。少子高齢化で産業間の人材獲得競争が激しくなるなか、若者が入職しない大きな要因となっている従来の働き方では建設業の未来はありません。

　男女が仕事と育児・子育てを両立できる就業環境の整備は中小建設業ほど焦眉の課題となっています。

　※ 1　国、地方公共団体などが発注する公共事業を直接請け負う場合は必ず受けなければならない審査です。

　　　公共事業の各発注機関は、建設工事 1 件の請負代金額が 500 万円以上（建築一式工事の場合は 1,500 万円以上）の競争入札に参加しようとする建設業者については資格審査を行うこととされています。この資

格審査では、欠格要件審査をしたうえで「客観的事項」と「発注者別評価」の審査結果を点数化（総合点数）して格付けが行われます。このうち「客観的事項」にあたる審査が「経営事項審査」で、建設業法により建設業許可に係る許可行政庁が審査することとされています

※2 「仕事と生活の調和」のために「多様な働き方の選択」ができる状態（就労環境）を整えることとされていて、内閣府では以下のような例をあげています（161頁参照）。

❶育児・介護休業、短時間勤務、短時間正社員制度、テレワーク、在宅就業など個人が置かれた状況に応じた柔軟な働き方を支える制度の整備、それらを利用しやすい職場風土づくりを進める。

❷男性の子育てへの関わりを支援・促進するため、男性の育児休業等の取得促進に向けた環境整備等に努める。

❸女性や高齢者等が再就職や継続就業できる機会を提供する。

❹就業形態にかかわらず、公正な処遇や積極的な能力開発を行う。

5 ｜ インボイス制度・電子帳簿保存法

　消費税インボイス制度（適格請求書等保存方式。※1）については令和5年10月から施行され、電子帳簿保存法（※2）については令和6年1月から施行されました。

　インボイス制度については以下に留意する必要があります。

　インボイスを取得している元請との下請負契約にあたり、下請がインボイスを取得していない場合、下請が負担すべき消費税を元請が負担することになるため、請負金額について消費税相当額に対する一定割合（上限あり）の減額を求められるケースや減額に関する認識に齟齬を生じた場合は下請負契約が成立しない可能性もあること。ちなみに、インボイスを取得している中小建設業が、インボイスを取得していない下請と請負契約を結ぶ場合も同様になりますが、このケースでは特に下請に一人親方を使用する場合に注意する必要があります。

　電子帳簿保存法については、総勘定元帳、現金出納帳などの帳簿、貸借対照表、契約書、領収書などの書類をパソコン等により電子取引した場合には当該取引情報を、法人は原則7年間（一定の事情がある場合は10年間）、個人事業は原則5年間保存することとされました。

　これにより従来は電子取引した記録も含めて税理士等が紙方式により作成していた決算書類が原本でパソコン等の記録は補助記録であったという場合は注意する必要があります。

　留意点としては、対象となる電子情報には見積書、注文書、契約書、送り状、領収書なども含まれること、国税庁が指定している保存方法（※3）に違反した場合は推計課税や追徴課税、会社法による過料（100万円以下）の可能性があるほか、隠ぺい目的による電子保存放棄などケー

スによっては青色申告の承認取消しがあることです。

※1 令和5年（2023年）10月1日開始の「消費税の仕入税額控除制度における適格請求書等保存方式」のことです。これは、消費税の仕入税額控除の要件として、適格請求書発行事業者（インボイス発行事業者）から交付を受けた適格請求書（インボイス）の保存を必要とする制度です。インボイスには、従来の「区分記載請求書」の記載事項に加えて、【適格請求書発行事業者登録番号】、【消費税額と適用税率】を記載します。このインボイスの交付・保存により、正確な消費税額と適用税率を把握・計算し、消費税を納税することになります。

※2 国税関係帳簿書類を電子データ化して保存することを認めた法律で平成16年12月の公布以降数次にわたって改正されてきました。

令和6年（2024年）1月から適用された改正では、電子取引による国税関係の帳簿・書類等の情報は電子保存することとされました。なお、紙方式で取引した情報は紙のまま保存することで差し支えないとされています。

※3 ①電子帳簿等保存、②スキャナ保存、③電子取引の3区分があり、留意点として❶可視性の確保（モニター・操作説明書の備付けなど）、❷真実性の確保（事務処理規程の制定、遵守）があります。

[第 3 章]

経営改善の取組み

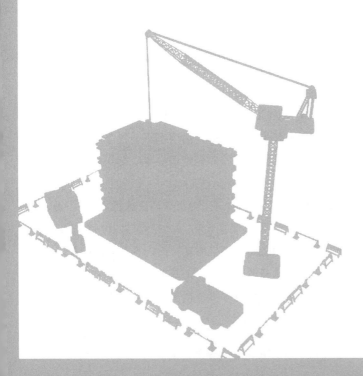

1 | 労働時間の管理

　建設業における 2024 年問題の核心は技能者の労働時間管理の徹底に他ならないことは先に触れた通りです。それによりまず取り組まなければならないのが、

① 技能者の日々の労働時間管理
② 早朝集合・移動時間の管理

の 2 点です。

① 技能者の日々の労働時間管理

　中小建設業においては、依然、○×式出退勤管理が少なくありませんが、令和 6 年 4 月 1 日以後は技能者の労働日ごとの労働時間の管理、記録をする必要があります。時間外労働が発生するのか否かを確認するためには前提として法定労働時間（1 日 8 時間、週 40 時間）の管理がされていなければならないからです。

　建設キャリアアップシステムの IC カードを活用している場合は既に管理されている例もあると思われますが、その活用が不十分な場合や同システムに登録していない場合は労働時間の管理が必要になります。

　使用者には労働安全衛生法（以下、「安衛法」といいます）66 条の 8 の 3 による労働者の労働時間把握義務（※ 1）および同法施行規則 52 条の 7 の 3 による労働時間記録の 3 年間保存義務（※ 2）が課せられているところですが、その管理（労働時間管理の徹底）の内容と方法の基準となるのは、労働基準行政（労働基準監督署）の基準とされている「労働時間の適正な把握のために使用者が講ずべき措置に関するガイドライン」（平成 29 年 1 月 20 日施行）です。「ガイドライン」では「使用者は、

労働者の労働日ごとの始業・終業時刻を確認し、適正に記録すること」
として、タイムカード、IC カードなどによる客観的な記録を基本とし、
「やむを得ず自己申告制」とする場合は、使用者は定期的に実態調査を
行い、確認することとしています。

　就労現場への直行・直帰も少なくない建設業にあっては自己申告制と
する例が多いところですが、その記録方法については紙方式の作業日報
からスマートフォン等を活用した勤怠管理システムへの移行を検討した
いところです。現在ではスマートフォンが広く普及しており、それと連
動させた勤怠管理システムも多く、利用料も低価格化が進んでいます。
ちなみに、システム導入の初期費用や運用コストで導入を躊躇する場合
は、紙方式での集計に要していた時間・労務費との比較で検討する必要
があります。それによりシステム導入後のほうがコスト削減となるケー
スが少なくありません（※3）。

　※1　　安衛法 66 条の 8 の 3「事業者は・・厚生労働省令で定める方法に
　　　　　より、労働者の労働時間の状況を把握しなければならない。」
　※2　　安衛法施行規則 52 条の 7 の 3「法第 66 条の 8 の 3 の厚生労働省令
　　　　　で定める方法は、タイムカードによる記録、パーソナルコンピュー
　　　　　タ等の電子計算機の使用時間の記録等の客観的な方法その他の適切
　　　　　な方法とする。②事業者は、前項に規定する方法により把握した労
　　　　　働時間の状況の記録を作成し、3 年間保存するための必要な措置を講
　　　　　じなければならない。」
　※3　　日本法令ではスマートホンを活用した低コストの「建設業かんた
　　　　　ん作業日報」（注文番号「労務 51-D」）を発売中です。

②　早朝集合・移動時間の管理

　中小建設業においては作業現場の始業時刻に遅刻しないために一旦、
会社へ所定始業時刻前に集合してマイクロバス等で集団移動し、終業後
はその逆パターンとなる例が多くあります。その間の時間については事
実上会社の管理下（指揮監督下）にあるにもかかわらず賃金は支払われ
ないのが長年の慣習、「常識」とされてきました。

しかし、今後は「会社の指揮監督下にある時間は労働時間となり賃金支払い対象時間となる」との認識の下に対応していく必要があります。その場合下記の2つの裁判例が参考になります。

【移動時間は通勤時間＝労働時間ではないとされた例】

　「原告（労働者）は出勤の際、車両により単独又は複数で建築現場に向かっていたこと、この車両による移動は、被告（会社）が命じたものではなく、車両運転者、集合時刻等も移動者の間で任意に定めていたことが認められる。」「（出勤の際、会社事務所へ立ち寄っていたとしても）前日までに当日の作業内容が決まっていたことが多く、当日に改めて作業内容につき指示されずその必要もなかった」「これらの事実によれば工事現場との往復は通勤としての性格を多分に有し・・使用者の指揮命令下に置かれている時間に当たらない。」（阿由葉工務店事件東京地判平14.11.15労判836号148頁。同趣旨で高栄建設事件東京地判平10.11.16）

【移動時間は労働時間に当たるとされた例】

　「従業員は原則的に一旦会社に集合し、工事現場へ出発する前に倉庫から資材を車両に積み込み、当日の現場や作業内容についても現場へ出発前に指示を待つ状態であり、その後の車両による移動時間中も打ち合わせなりをしながら現場へ赴いていたことから、移動時間は自由時間とは言えず、移動時間も含めて会社に出社した時刻から労働時間となる」（総設事件東京地判平20.2.22労判966号51頁）

　前例は建築現場への車輌による移動は「被告（会社）が命じたものではない」こと、すなわち当該時間は会社の指揮命令下ではなかったことがポイントとなっており、後例は「工事現場へ出発する前に」車輌に資材等を積み込んでいたり当日の作業の指示を受けていただけでなく「移動時間中も打ち合わせ」をしていたこと、すなわち当該時間は会社の指揮命令下にあったことがポイントとなっています。

2 | 貸借対照表・損益計算書

　経営の実態（結果）を表す基本資料ですが、この資料の扱い方の問題として、各種数値として表れた経営実態の分析が不十分もしくは分析してないということが少なくないといわれています。

　多くの場合、税理士等に作成を依頼しますが、関係報告書を受け取ったらただちにロッカーで保管へという例もあるようです。しかし、それらの関係報告書は、次の経営ステップへの前提となるものとして位置付けるべきです。損益が赤字になった場合はもちろん、黒字になった場合もその理由・要因を把握することが労務管理改善を含む次のステップへの前提です。

　例えば、損益計算書において利益が計上された場合は内訳（売上総利益、営業利益、経常利益、税引前当期純利益、当期純利益）を分析し、一過性か継続的に期待できるのかを判断します。それに基づいて労務管理改善のための費用を検討することになります。

　また、例えば、過去10期分について、売上高、経常利益、純利益、一般管理費（労務費）、外注費など損益計算書の主要項目ごとに、同じシートの上で折線グラフにしてみると項目間の相対関係の過去10年の推移が把握できます。こうした把握も中長期的経営計画の前提として必要になります。

3 年計表

　決算期単位の貸借対照表、損益計算書に加えて年計表も作成することによって経営実態をより複合的に把握することができます。

　年計表とは売上高、粗利益、一般管理費（労務費）などを、当月を含め例えば過去12カ月について各月ごとに記入し表にしたもので、それを折れ線グラフにして各項目を重ね合わせると、年計表作成時点における過去1年間の経営実態が把握できます。月次試算表でも数値としては把握できますがグラフ化することでより把握しやすくなります。

　例えば、粗利益と販売費及び一般管理費の状況を把握したい場合は、それを年計表にしてみます。粗利益の折線と販売費及び一般管理費の折線の隙間が狭くなっている場合は利益が減っていることを表し、販売費及び一般管理費の折線が粗利益の折線の上にあれば損失が生じていることがわかります。

　決算書類（貸借対照表・損益計算書）は1年度の集計なので月ごとの利益等がわかりませんが、グラフにした年計表では月ごとの利益等を視覚的にわかりやすい形で見ることができます。それにより短期的な課題を見つけやすくなります。

　前向きな経営者ほど年計表を重視するといわれていますが、多くの税理士においては、年計表は必ずしも一般的ではないため税理士にその作成を求めた場合それを必要とする理由を求められる場合があります。

年計表の例

(千円)

	1月	2月	3月	4月	5月	6月	7月	8月	9月	10月	11月	12月
販売費及び一般管理費	4,000	4,200	4,200	5,000	5,300	5,700	5,900					
粗利益	6,000	6,100	6,000	5,700	6,000	6,500	6,400					

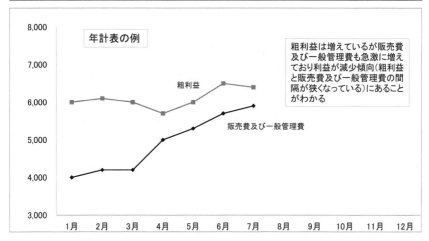

粗利益は増えているが販売費
及び一般管理費も急激に増え
ており利益が減少傾向(粗利益
と販売費及び一般管理費の間
隔が狭くなっている)にあること
がわかる

※　比較する項目は月次試算表の数字を基に売上高と粗利益、またはそれに
　　純利益を加えるなど把握したい項目を任意に設定します。

4 経営課題の見える化

　経営改革の前提は、現在保有している経営資源の評価です。すべての事業所は何らかの特性・強み（資本、設備面、人材面、それらの結合によって生み出される施工能力、得意分野など）を有しています。

　それらの特性・強みを整理することによって同時に自社の課題も明らかになってきます。

　明らかになった課題に立ち向かうときに忘れてはならないことは「北極星を見失うな！」ということです。経営者なら誰しも会社を興した時に「将来はこういう会社にしたい」という目標（夢）を抱いているはずです。その目標（夢）がその社長、その会社の北極星です。

　通常、それらのことは普段から社長の頭の中には入っていますが、あえて紙などに文字として書き出してみます。紙などに文字として書き出すことは少なくとも2つの効果があります。

　1つは、社長の頭の中に入っていたことが見える化されることにより自社の実態と課題を客観的に見つめることができ、それによって中期的（例えば2〜3年先まで）な目標・方針を立てやすくなります。

　2つ目は、それらの内容を社員にも周知・共有しやすくなることです。

　社長の「思い」を全社員が共有すること、すなわち「情報と目標（課題）の共有」は経営基盤強化、業績向上のための必須の要素です。

　今後の課題としては、広範な分野で進む電子化・デジタル化への対応があります。国交省関係の行政手続では既に建設業許可申請が電子申請となっていますが、今後は各種申請手続を書面方式から電子申請へと切り替えていくとしています。また、電子化は難しいといわれてきた現場作業でも遠隔操作や自動化を進めるとしています。国全体の行政につい

てもデジタル庁設置により経営環境のすべての面で電子化が進められています。こうした動向に対応していくための前提となるのが勤怠管理、電子帳簿をはじめとする社内での各種事務処理の電子化です。この環境への対応は中小建設業においても避けられない課題となっています。

　将来的な課題の面では、国交省が平成 28 年から進めている i-Construction（アイ・コンストラクション）への対応があります。

　i-Construction とは、例えば土木工事において、測量・設計・施工計画・施工・検査・維持管理のすべてのプロセスにおいて ICT（情報通信技術）を活用し、建設現場における生産性を向上させようとする取組みです（※）。国交省はその目的を、①建設現場における 1 人ひとりの生産性向上、②企業経営環境の改善、③建設現場に携わる人の賃金水準の向上、として魅力ある建設現場を目指すとしています。ちなみに ICT 施工は平成 28 年の導入以降着実に増加し令和 3 年度では国交省直轄工事で 2,264 件、地方自治体工事で 2,454 件が ICT 施工によるものだったとしています（i-Construction 推進コンソーシアム第 8 回企画委員会。2022.10.7）。

　　※　人の立入りが困難な場所でもドローンによる 3 次元測量、遠隔操作無人建機による工事を行うなど。

5 | 経営計画の見直し

　原材料高騰など日本経済のデフレ脱却のきしみともいうべき厳しい経営環境が中小建設業にも押し寄せています。加えて少子高齢化が急速に進みつつある社会環境もあります。こうした環境、条件の中で人手を確保し若者を呼び込んでいくためには経営計画の見直しを含めた積極的な経営施策の柔軟かつ速やかな実行が求められます。その取組みの1つとして決算書類や年計表に基づく経営計画の見直しがあります。

　決算書類も年計表もいずれも過去の経営実績を反映した重要な意味を持っていますが、あくまでも過去の実績です。より重要なことは、その過去の実績を今後の経営施策のための前提、土台として生かすことです。

　例えば、年計表で過去1年間の売上、粗利益、販売費および一般管理費などを把握したら、それらの数値の上に翌年、翌々年の目標数値を書き込みます。目標数値の書き込みは、社長としての経営意思を、経理数値の中に組み込むという意味があります。言い換えれば、目標数値を書き込んだ時点から経理数値が、社長としての経営方針の中に位置付けられるということです。このことにより、過去の決算記録を記録として残すだけでなく、将来に向けて生かすことになります。

　中小建設業の社長にあっては経営に関わる諸経費、売上、利益見込などは普段から頭の中にあることですが、具体的数値として書き込み、記録するということに意味があります。

　それにより抽象的な「頑張ろう！」ではなく、「この数値を実現するために頑張ろう！」ということになります。

中小建設事業所・経営計画（例）

当社の課題と目標　　　　　　　補充＝社員からの登用　　雇入＝新規雇入

		現在		1年目		2年目		3年目	4年目	5年目
		現在	備考	目標	備考	目標	備考			
経営	総売上（A）	○○○円		○○○円		○○○円				
	粗利益（A－経費）	○○○円		○○○円		○○○円				
	販売費及び一般管理費	○○○円		○○○円		○○○円				
	総労務費	○○○円		○○○円		○○○円				
機材	4トントラック	3台	1台過剰	2台	1台処分	2台				
	高所作業車	2台	1台不足	3台	1台購入	3台				
	ユンボ	2台		2台		3台	1台購入			
	……									
人材	事務所	2人		2人		3人	1人雇入			
	現場代理人	2人	1人不足	3人	1人補充	3人				
	1級建築施工管理技士	1人		1人	1人雇入	2人	1人補充			
	2級　〃			3人	2人雇入	5人	2人補充			
	建築大工技能士	2人		4人	2人補充	6人	2人補充			
	技能者	23人	5人不足	28人	5人雇入	30人	2人雇入			
	技能者見習			2人	2人雇入	4人	2人雇入			
	土木施工管理技士					1人	1人雇入			
課題と目標		①技能者の技能に差がある。②資材置場が遠い。③リース機材が有効に使われていない。④土木工事部門を自社内に設けたい。		①技能が低い5人の技能者への指導体制を作る。②新資材置場を探す。③リース機材費用の20%削減。④土木工事部門設立の準備（担当者と各種調査）		①土木施工管理技士雇入。②新資材置場設営。③シフト制による4週6休の試行。④技能者を月給制へ移行させる検討。⑤事務所に営業担当雇入				

6 休日増と月給制移行

　建設業の働き方改革で大きな課題となるのが休日増と賃金支払方法です。休日増＝就労日数減であることから、会社にとっては稼働日減＝売上減、日給制の技能労働者にとっては収入減となる可能性があります。

　そのため、国交省も業界団体も「週休２日制の推進により稼働日数が減少しても技能労働者の総収入が減らないための方策を検討すべき」としていて、月給制など賃金の支払方法の工夫を提案しています。日給制から月給制への変更は、会社、技能労働者ともに長年続いてきた慣習の大きな変更となるため場合によっては技能労働者がそれを望まないこともあり得ますが、働き方改革の各種取組みが進む中で業界の基本的な動向として月給制が定着していくものと考えられます。当然ながらその動向を組み込んだ労務管理を行っていくことになりますが、一挙に月給制にしたり賃金単価を上げたりすることは困難です。

　例えば、在籍技能労働者について、日給制を月給制（ほかにも最低保障給制など多様な形態が考えられます）へ切り替えた場合の労務費を試算し、併せて原資となる利益計画とのバランスを見ることから始めてみることが考えられます。

　月給制にすると、例えば休日出勤の必要が生じても社員の協力が得られなくなるのでは？という心配の声もありますが、それは給与制度の問題ではなく普段の経営管理・労務管理の問題です。会社（社長）の経営方針が社員に行き渡っているかどうかの問題ということになります。

日給制から月給制への移行検討例

《第1ステップ》実態の把握
・過去2年程度について、個人別に労務費を集計し、1カ月平均の金額を出す。次に、全員の1カ月平均額を合計し、1カ月平均の総労務費を算出する。
・月次試算表による粗利益と1カ月平均の総労務費のバランスをチェックしてみる。
・粗利益よりも労務費が上回っている場合はその理由を解明する。

《第2ステップ》利益計画と総労務費見込額の擦りあわせ
・5年先程度までの、従業員数を盛り込んだ経営計画（利益計画）を立ててみる。
・盛り込んだ従業員数に必要な総労務費見込額を算出する。
・利益計画に総労務費見込額を組み込んでみる。

《第3ステップ》仮月給額の設定
・社員個人ごとに、第1ステップで算出した金額をベースに、今後への期待等を勘案した仮月給額（※）を設定する。
※　基本給（固定額）のほかに、資格手当、役職（職長）手当、皆勤手当などが考えられる。また、まずは日給月給制（1カ月を単位として決めた額から、遅刻、早退、欠勤等があった場合はその時間に相当する額を差し引く）とする。

《第4ステップ》見直し
・個人ごとに設定した月給額の合計額が、利益計画と整合するかどうかを確認し、整合しない場合は、月給額・利益計画を見直す。

《第5ステップ》実行
・個人ごとに設定した月給額を本人へ伝えると同時に、会社としての「経営目標」「利益計画」を伝え、その実現に向けた協力を求める。

| コラム③ | 未払い賃金の立替払い制度

建設会社が経営難に陥り倒産することもあります。

企業倒産に伴い賃金が支払われないまま退職した労働者に対し、「賃金の支払の確保等に関する法律」に基づいて、未払い賃金の一部を政府が事業主に代わって立替払する制度があります。

すなわち、会社が事実上倒産した状況にある場合、労働者は労働基準監督署の確認により、独立行政法人労働者健康安全機構から未払い賃金の一部相当額が得られるのです。この制度では、会社が裁判所に破産申立をした場合、労働者は破産管財人（通常は弁護士）に証明（確認）してもらう必要があります。破産管財人は労働者の立替払請求の有無、未払い賃金額を確認するなどの作業を行い、証明を行うのです。実際には賃金台帳、就業規則（給与規定）等から未払い金額を確認します。

しかし、建設会社のなかには、就業規則や賃金台帳がなく給料も現金手渡しといった会社もあります。この場合の証明は困難を極めます。労働者や役員等から意見を聴取し、破産会社の通帳等の各種資料から、未払い金額の証明の可否を見極めるのです。

認定に困難を極める場合には、破産管財人は独立行政法人労働者健康安全機構と事前相談を実施し、証明の可否を決するということも少なくありません。

労働債権者（労働者）は、破産会社の各種重要な事実を知る利害関係者ですので、破産手続に参加することもできます。破産会社の労務管理が杜撰で、立替払制度を利用できなかった場合は労働者からすれば不満が残るでしょう。

会社の引き際は綺麗なほうがよいということです。

7 法定福利費の確実な請求

　元請は下請の法定福利費（社会保険料・雇用保険料の事業主負担分と子ども子育て拠出金）を確実に支払うよう国交省は繰返し指導していますが、実態は特に民間工事において徹底されていません。

　これには元請・下請双方に要因があります。すなわち、元請が施主に対する受注価格を下げようとして下請から請求された法定福利費を減額ないし支払わないケースと下請が受注獲得のために元請への見積額を下げたいとして法定福利費を請求しないケースです。

　国交省は令和5年12月1日に改めて「下請契約及び下請代金支払の適正化並びに施工管理の徹底化等について」との通達を発出し、「建設業法第19条の3（※1）に規定する『通常必要とされる原価』には、建設業者が義務的に負担しなければならない法定福利厚生費が含まれると同時に、法定福利費の算出元である労務費も含まれているものであることから、法定福利費と労務費は必要経費として適正に確保することが必要」「下請負人においては、注文者に対し、法定福利費に加え、労務費の総額、また可能な場合においてその根拠となる想定人工を内訳明示した見積書を提出するとともに、再下請人に対し、法定福利費に加え、労務費の総額、また可能な場合においてその根拠となる想定人工を内訳明示した見積書の提出を促し、提出された見積書を尊重すること」として、従来の指導よりも踏み込んで元請・下請双方に「（労働者）本人負担分を含めた労務費」の把握と提出を求めています。このことは、法定福利費が支払われていたとしてもその額が、元請・下請双方の思惑によって適正な額ではない実態があることに注目しているものといえます。

法定福利費の受取状況

○ 直近の一現場(公共・民間)において、法定福利費をどの程度受け取ることができたかについて質問。
○ 公共工事では、一次、二次下請で、法定福利費を100%以上受け取れた工事の割合が約6割を超えたが、三次下請以降では約4割しか受け取れなかった。
○ 民間発注工事では、一次、二次下請では法定福利費を100%以上受け取れた工事の割合が約5割を超えたが、三次下請以降では約4割しか受け取れなかった。また公共工事と比べ20%未満しか受け取れなかった工事の割合が多い。

※100%以上 ■80%以上～100%未満 ■50%以上～80%未満 ■20%以上～50%未満 ■0%以上～20%未満 □わからない □その他
※ただし、公共・民間ともに左から2番目の項目は80%以上～100%未満、50%以上～80%未満、20%以上～50%未満

公共工事

	100%以上					わからない	その他
一次下請 平成30年度	62.9%	18.7%	2.0%	1.6%	8.5%	5.6%	0.7%
平成29年度	49.1%	20.2%	4.2%	9.9%	2.0%	14.5%	
二次下請 平成30年度	60.8%	15.4%	3.8%	1.5%	13.8%	3.8%	0.8%
平成29年度	43.7%	18.5%	5.9%	1.7%	8.4%	21.8%	
三次下請以降 平成30年度	41.7%	8.3%	33.3%	8.3%	8.3%		
平成29年度	41.7%	8.3%	16.7%	25.0%			

民間発注工事

	100%以上					わからない	その他
一次下請 平成30年度	59.8%	17.8%	2.6%	2.0%	11.2%	5.6%	1.0%
平成29年度	43.4%	19.3%	5.4%	1.8%	13.9%	16.2%	
二次下請 平成30年度	52.6%	13.4%	5.2%	3.6%	15.7%	8.8%	0.7%
平成29年度	38.5%	16.6%	7.6%	0.7%	19.9%	16.6%	
三次下請以降 平成30年度	47.2%	30.6%	2.8%	11.1%	2.8%	5.6%	
平成29年度	25.6%	23.1%	5.1%	2.6%	17.9%	25.6%	

出典:平成30年度社会保険の加入及び賃金の状況に関する調査

　国交省の調査（※2）では下請が「法定福利費を内訳明示した見積書」を提出しなかった理由として「注文者から提出するよう指示がなかった」が最も多かったとしていますが、法定福利費は建設業法（19条の3）に規定する「通常必要と認められる原価」に含まれるものであり見積書に当然に含めるべき費用です。

　ちなみに、下請負人の見積書に法定福利費が明示、または総額に含まれているにもかかわらず、元請負人がこれを尊重せず、法定福利費を一方的に削除したり、実質的に法定福利費を賄うことができない金額に下げたりして下請契約を締結した場合は、建設業法19条の3に違反します。また、下請負人が見積額を安くするためにあえて見積書に法定福利を計上しない場合も19条の3の趣旨に違反することになります。

　　※1　注文者は、自己の取引上の地位を不当に利用して、その注文した建設工事を施工するために通常必要と認められる原価に満たない金額を請負代金の額とする請負契約を締結してはならない（205頁参照）。

　　※2　国交省「令和4年度法定福利費を内訳明示した見積書の活用状況等に関する調査」

8 | 安全衛生経費の請求

　建設業における死亡労災事故は減少傾向ではあるものの依然として毎年300件前後発生しており、原因の多くが下請の中小建設業での安全衛生面の不備によるとされています。不備が生じる原因として安全衛生対策の経費が十分に確保されていないことが大きな要因とされています。

　実際、国交省のアンケート集計結果では安全衛生経費について、注文者（元請）が「明示せず」、下請が「請求せず」がともに約6割〜7割あったことが明らかになりました（国交省「建設工事における安全衛生経費の実態調査結果概要・速報」令元5.17）。

　そこで、国交省はあらためてすべての業者、とりわけ中小建設業者に対し「安全衛生経費確保のためのガイドブック」および「別冊」（厚生労働省委託事業・株式会社建設産業振興センター）を基に、安全衛生経費の定義、確保の必要性、明確化の手順等を確認するようにと呼びかけてきました。

　さらに「建設工事における安全衛生経費の確保に関する実務者検討会」による「（安全衛生）対策に要する経費は、元請負人及び下請負人が義務的に負担しなければならない費用であり、建設業法第19条の3に規定する『通常必要と認められる原価』に含まれるものであるため、立入検査等を通じ法令遵守の徹底を図る必要がある」との提言（第7回検討会。令4.6.27）を受けてワーキンググループが「○○工事における安全衛生対策項目の確認表【参考ひな型】」（令5.8.9）を作成し、安全衛生経費が適切に支払われるようその周知を図っています。

安全衛生経費

費用区分			主な内容
直接工事費			使用する設備、機械、機器、資材
間接工事費	共通仮設費	安全費	調査費用、交通規制関係、監視連絡関係、安全意識・注意喚起に要する費用、保護具関係、その他
		仮設費	墜落・飛来落下崩壊等防止関係、作業床設備関係、公衆災害防止関係、警報設備関係、避難用設備関係、作業環境関係、昇降設備関係、火災防止関係、倉庫・材料保管関係、その他
	現場管理費		安全教育訓練、疾病・衛生対策費、現場支援・指導関係
一般管理費			現場支援・指導関係

「安全衛生経費確保のためのガイドブック」より

請負代金内訳書における「安全衛生対策」のための費用の記載

〇請負代金内訳書に「安全衛生対策」のための費用を記載していない企業が約6割〜7割。

【元−27】【下−28】【最終−18】
　請負代金内訳書に「安全衛生対策」のための費用を記載しましたか。

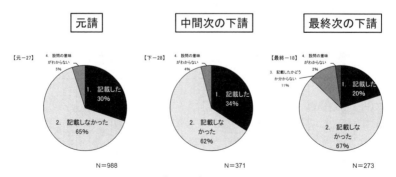

出典：国土交通省『建設工事における安全衛生経費の実態調査結果概要（速報）』

鉄筋運搬揚重作業に係る安全衛生経費の明細書（例）

工事件名：○○ビル新築工事
元請会社：●●建設株式会社　　工期：令和　年　月　日～令和　年　月　日
下請会社：㈱△△工務店

	作業員数	7人／日
	施工日数	30日
	工期比率	30日／730日＝0.04
	労務比率	210人／12,000人＝0.01

令和　年　月　日

安全衛生経費内訳書	実施者		経費負担者		規格等	単位	単価	数量	経費積算 金額	摘要
	元請	下請	元請	下請						
2. 安全費										
3 合図書	○			○		人	16,000	30	480,000	
5 保護具類										
ヘルメット	○			○	2,400円／個 耐久年数2年	人	120	7	840	2,400円×30日÷(300日×2年)
安全帯	○			○	30,000円／個 耐久年数2年	人	1,500	7	10,500	30,000円×30日÷(300日×2年)
皮手袋	○			○	500円／個 耐久年数0.5年	人	100	6	600	500円×30日÷(300日×0.5年)
安全靴	○			○	6,500円／個 耐久年数2年	人	325	7	2,275	6,500円×30日÷(300日×2年)
3. 仮設費										
1 墜落飛来落下災害 防止設備										
揚重用吊具	○			○	φ16mm L＝4m	本	4,500	4	18,000	
4. 教育訓練費										
1 新規入場者教育	○			○	全工期費用 300,000円	式	300,000	1	3,000	労務比率0.01
3 送り出し教育	○			○		人	300	7	2,100	
3 玉掛技能講習	○			○	2.5日	人	18,000	2	36,000	
10 職長教育	○			○	2日	人	16,000	1	16,000	
14 安全衛生協議会	○			○		人	2,250	2	4,500	賃金18,000円／人÷8時間
職長会費用	○			○		人	2,250	1	2,250	賃金18,000円／人÷8時間
5. 疾病・衛生対策費										
2 健康診断費用	○			○	7人	人	600	7	4,200	6,000円／人÷300日×30日

「安全衛生経費確保のためのガイドブック」より

9 資格取得者、技能講習受講者の育成

　建設業においては、法令により様々な資格保有者や技能講習受講者を置くことが義務付けられています。中小建設業の場合、実務的に必要となるのは建設業法関係（建築施工管理技士等の各種管理技士など）、安衛法関係（クレーン運転士、安全管理者、職長、玉掛けなど）、職業能力開発促進法関係（建築大工技能士、型枠施工技能士など）による資格者、受講者です。

　従来の建設業界にあってはこれらの資格取得等は従業員本人の努力や自主性に任されてきた傾向がありました。しかし、深刻な人手不足のなか、技能に優れた優秀な従業員の定着を図っていくためにはそうした「過去の常識」の転換が求められています。

　すなわち、これからは会社の経営方針として、資格取得者や技能講習受講者の育成を最優先課題として位置付け、積極的に取り組んでいく必要があります。時間と費用は掛かりますが、資格取得者等を増やすことは、会社の総合施工能力を高め、受注の増大、経営の安定、他社との差別化につながっていきます。

　ちなみに、国交省と厚労省は連携して、毎年、建設業に係る人材確保・人材育成・魅力ある職場づくりのための予算要求を続けています。各種研修会等の開催や助成金による支援等として具体化されているこれらの施策も積極的に利用したいものです。

10 「ユースエール認定企業」の認定

　厚労省は、若者の採用・育成に積極的で、若者の雇用管理の状況など
が優良な中小企業を、青少年の雇用の促進等に関する法律（若者雇用促
進法）に基づき「ユースエール認定企業」として認定しています。
　この認定を受けると以下のようなメリットが期待できます。

▌「ユースエール認定企業」の認定メリット

---

① 「わかものハローワーク」「新卒応援ハローワーク」「若者雇
　用促進総合サイト」などで認定企業として紹介され、若者から
　の応募が期待できる。
② 認定企業限定の就職面接会などへの参加が可能になり、正社
　員希望の若い求職者と接触する機会が増える。
③ 自社の宣伝や広告に認定マークを使用することができ、優良
　企業であることを対外的にアピールできる。
④ キャリアアップ助成金、トライアル雇用助成金などの助成金
　を活用する際、一定額が加算される。
⑤ 日本政策金融公庫の融資制度を利用した際、基準利率以下の
　利率で融資を受けることができる。
⑥ 公共調達において、価格以外の評価要素がある場合は契約内
　容に応じて加点評価される。

　認定企業になるためには、若者対象の求人申込みまたは募集を行って
いること、人材育成方針と教育訓練計画を策定していること、直近事業

年度において正社員の月平均所定外労働時間が 20 時間以下、かつ月平均の法定時間外労働が 60 時間以上の正社員がいないことなどの要件を満たしたうえで都道府県労働局へ申請します。

　認定要件にはやや厳しいものがありますが、働き方改革による労働時間短縮と若者入職者を呼び込む両側面を満たす制度となっており、積極的に取り組む価値があります。

ユースエール認定マーク

11 元請の不法に対する通報制度

　厚労省では「下請取引の適正化は、下請事業者の経営の安定・健全性を確保する上で重要であるほか、建設労働者の労働条件の確保・改善にも資するものであることから、平成21年2月16日より、国土交通省との通報制度等を実施している。今般、中小企業・小規模事業者の活力向上のための関係省庁連絡会議において、中小企業・小規模事業者の活力向上に向けた対応策の検討がなされたことを踏まえ、本通報制度を強化することとした」（平30.11.16基発1116第17号）として、元請負人による「下請たたき」にあたる行為（不当に低い請負代金や一方的な支払遅延など）を厚労省が把握した場合には国交省へ通報し、国交省より当該元請負人へ指導するとしています。そのため「下請たたき」等があった場合は労基署へ相談するようにとしています。なお、この相談は匿名でもよいとしています。

　ちなみに「建設業法令遵守ガイドライン（第9版）」（国交省令5.6.インターネット上で公開）では、元請負人と下請負人との関係に関して、どのような行為が建設業法に違反するかを具体例によって提示しており参考になります。

　例えば、「不当に低い請負代金」の例として、「元請負人が、自らの予算額のみを基準として、下請負人との協議を行うことなく、下請負人による見積額を大幅に下回る額で下請契約を締結した場合」「元請負人が、契約時に取り決めた代金を一方的に減額した場合」などを示しており、いずれも建設業法19条の3に違反する可能性があるとしています（ほかにも18条、19条関係、20条、24条の違反事例を例示）。

　ちなみに国交省は「建設企業のための適正取引ハンドブック」（第3版）

を公開しており、下請たたき等該当する建設業法違反があった場合は「建設業法違反通報窓口・駆け込みホットライン」を利用するようにとしています。

なお、関係する行政動向として、厚労省・中小企業庁・公正取引委員会は3者連名で「大企業・親事業者の働き方改革に伴う下請等中小事業者への『しわ寄せ』防止のための総合対策」（令元.6.26）を策定し、建設業所管省庁は業界団体等への指導、周知啓発を積極的に推進するようにとの通達（令元.7.30）を発出しています。

「駆け込みホットライン」で受け付ける法令違反事例

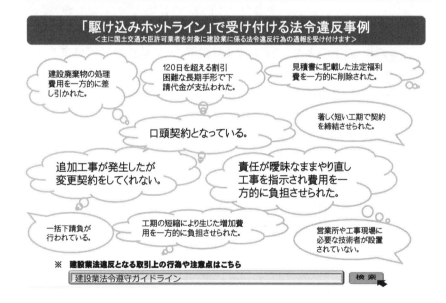

建設下請負人の皆さま、ご安心ください。

中小企業をイジめるような
無理な取引は見逃しません！

たとえば、そのお困りごと

休日労働が心配な事業主のBさん

急な発注で工期が短すぎて、休日に作業させるしかない…
でも、受注単価は据え置きか……

予定どおりに請負代金を払ってもらえない…
従業員に賃金を払えなくなるかも……

賃金の支払に困る事業主のAさん

下請取引が原因ではありませんか？

CHECK 以下のような行為は「建設業法」で禁止されています！

☐ 下請代金の支払遅延　　☐ 不当に低い請負代金

☐ 不当な使用資材等の購入の強制　→ 裏面の「項目3」もご参照ください。

CHECK 元請負人による建設業法違反が疑われる場合には…

☐ 労働基準監督署では、ご相談への対応だけでなく、
建設業法違反を調査している国土交通省へご相談の取次ぎを
行っています（下図参照）。

☐ お困りの場合は、①②いずれかの方法でお知らせください。
　　① 管轄の労働基準監督署にご相談ください。
　　② 裏面のシートにご記入のうえ、FAX又は郵送してください。
　　※シートは匿名でお送りいただくことも可能です。

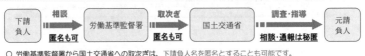

○ 労働基準監督署から国土交通省への取次ぎは、下請負人名を匿名とすることも可能です。
○ 国土交通省が元請負人に調査を行う場合、ご相談があったことは明かしません。

▶ 国土交通省では、建設業法違反通報窓口「駆け込みホットライン」を設けております。詳しくは、ホームページをご確認ください。

 厚生労働省　　 国土交通省

| コラム④ | 　下請会社の救済

　建設業界においては、会社が別の建設会社との間で請負契約を締結して、一定の工事について、いわゆる外注（下請）に出すということが少なくありません。

　建設業法は下請業者の利益を保護するための規定を設け、元請に対する指導等を規定することで、規制を強化しています。下請会社は元請会社から建設業法に違反する行為を受けた場合、建設業法所定の救済を受けられることになっています。

　それだけでなく、下請会社は元請会社等に対し、元請による不公正な取引等が行われた結果、損害を被ったとして民事上の責任追及をなすことも考えられます。例えば、建築業法違反となる書面のない追加工事発注がなされ、当該追加工事代金が支払われなかった場合は、追加代金相当額を求めることが考えられます。

　この場合、仮に書面がなくとも支払いが完了していれば、紛争にならないかもしれません。しかし、建設業法に違反した態様があれば、民事上の違法と認定される可能性もあり、その結果、元請会社が損害賠償責任等を負う可能性が高まることになります。

　そこで、民事上の紛争の中でも、事実上、建設業法の適用の有無が争点となる事例も存在するのです。親会社たる元請会社にとって、建設業法に基づく国からの指導等がなかったから大丈夫ということではないのです。

　なお、孫請会社が救済されるケースもあります。例えば、下請会社の倒産等により、孫請会社が支払いを受けられないケースです。この場合、孫請会社と元請会社との間には直接的な契約関係はありませんが、孫請会社等の救済を定めた建設業法41条などを根拠に、元請会社が支払うケースも存在しています。

12 │ 事業承継

　改正建設業法では、「持続可能な事業環境の確保」のためにとして、①建設業許可要件が改正され、②合併・事業承継時の手続きが新設されました（令和2年10月1日施行）。

　①については、改正前の「5年以上経営業務の管理責任者としての経験を有する者を置くこと」を廃止し、「経営業務の管理を適正に行うに足りる能力を有するものとして国土交通省令で定める基準に適合すること」としました。すなわち、改正前の「特定の責任者」の在籍要件を廃止し、基準を満たした「経営管理体制」（組織体制）の有無を要件とすることへ変更されました（7条）。

　②については、「建設業の譲渡、合併、分割の際に、予め国土交通大臣の認可を受けていたときは、譲受人等は許可を承継する」（17条の2）。「許可を受けていた者が死亡した場合において、相続人が国土交通大臣の認可を受けたときは許可を承継する」（17条の3）が新設されました。改正以前は、建設業者が事業承継や相続を行う場合、新たに建設業許可を取り直す必要がありました。そのため、空白期間が生じたり、許可番号や営業年数がリセットされたりという不利益が生じていましたが、改正により一定の要件のもと不利益が解消されることとなりました。

　ちなみに、承継制度が新設された令和2年10月から令和5年3月末までの承継認可件数は2,465件あり、うち1,135件が令和4年度に承継されています。

　世代交代が進みつつある中小建設業にとっても見逃すことのできない改正といえます。

［第4章］

労務管理改善

1 労働時間制度

　労基法では、週 40 時間、1 日 8 時間を超えて労働させてはならないと規定しています。しかし、建設業においては、工期の問題や屋外作業が多いという特性により、長時間労働になりがちで、原則通りではすまない会社が多いのが現状です。令和 6 年 4 月より建設業にも労働時間の上限規制が適用されます。労働時間の概念を正しく把握し、適正な労働時間管理を実施しつつ、変形労働時間制などを導入して法違反にならないよう管理する必要があります。

1 労働時間とは

　労働時間とは「使用者の指揮命令下にある時間」をいいます。現実に労働している時間だけではなく、使用者の指揮命令下にあると判断される時間も労働時間となります。

① 移動時間

　直行直帰や、移動時間中の自由な利用（業務の指示を受けない、業務をしない、移動手段の指示を受けない）が保証されている場合、その時間は、労働時間に当たりません。しかし、会社に集合して材料の積み込み作業をし、会社の車で移動するような場合は、労働時間とみなされる場合があります。

② 手待ち時間

　持ち場を離れることができず、指示があればすぐに業務に従事する必

要がある場合は、指揮監督下にあるとして労働時間に当たります。

③　着替え、作業準備等の時間

　着用を義務付けられた作業着や安全靴への着替え時間や使用者の指示により行っている作業開始前の準備時間および作業後の清掃時間なども労働時間に当たります。朝礼や準備体操の時間も労働時間に当たります。

④　安全教育などの研修時間

　参加することが業務上義務付けられている研修や教育訓練を受講する時間、打合せの時間は、労働時間に当たります。

⑤　使用者による黙示の指揮命令時間

　所定労働時間外に従業員が任意に労働していることを知っていたにもかかわらず、それを明示的に停止させなかった時間は、労働時間に当たります。

2 ｜ 変形労働時間制

　完全週休二日制ではない場合、1日の所定労働時間が8時間の会社は、1週間の所定労働時間が40時間を超えてしまいます。このような場合、「1年単位の変形労働時間制」や「1カ月単位の変形労働時間制」などの変形労働時間制を導入します。建設業では一般的に「1年単位の変形労働時間制」を採用することが多いです。

①　1年単位の変形労働時間制

　一定の期間（1カ月超1年以内）を平均し、1週間当たりの労働時間が40時間以下の範囲内において、特定の日または週に1日8時間または1週40時間を超え、一定の限度で労働させることができる制度です。変形期間が長くなるため、1カ月単位の変形労働時間制に比べて柔軟な

制度設計が可能です。

　導入に当たっては、次の事項について労使協定を締結（労働基準監督署（以下、「労基署」という）への届出要）し、就業規則に規定します。

---

a　対象となる労働者の範囲
b　対象期間および起算日
c　特定期間（対象期間中の特に業務が繁忙な時期）
d　対象期間における労働日および労働日ごとの労働時間
e　労使協定の有効期間

　例えば変形期間を1年間とした場合、繁忙期である夏季の労働時間数や労働日数を増やし、閑散期の労働時間数や労働日数を減らすカレンダーにしたり、1日の所定労働時間を短くして年間の所定労働日数を増やしたり、ということが可能で、会社の特性に応じた労働時間制度の設計が可能です。これにより、時間外労働・休日労働の削減につなげることができます。

②　1カ月単位の変形労働時間制

　1カ月以内の一定の期間（1カ月単位でも4週間単位などでもよい）における所定労働時間が週平均40時間以内であれば、どこかの週が40時間を超えてもよいという制度です。

　導入に当たっては、次の事項について労使協定を締結（労基署への届出要）または就業規則に規定します。

a　変形労働時間制を採用する旨の定め

b　労働日、労働時間の特定

　　変形期間における各日、各週の労働時間を定める。

c　変形期間の所定労働時間の上限

　　（40 時間×変形期間の暦日数÷7）時間以内とする必要がある。

d　変形期間の起算日

1 カ月単位および 1 年単位の変形労働時間制

	1 年単位	1 カ月単位
導入要件	労使協定および就業規則	労使協定または就業規則
協定の届出	必要	必要
変形期間・変形対象期間	1 カ月超 1 年以内	1 カ月以内
平均週所定労働時間	対象期間を平均し 1 週 40 時間以内	変形期間を平均し 1 週 40 時間以内
週・日の所定労働時間の特定	必要	必要
時間外労働の計算	1 日・1 週・対象期間	1 日・1 週・変形期間
変形休日制	不可	可
育児を行う者等に対する配慮	必要	必要
年少者への採用	一定要件の下で可	一定要件の下で可
労働日数の限度	対象期間が 3 カ月超のとき年 280 日	なし
1 日・1 週間の労働時間の限度	1 日 10 時間 1 週 52 時間	なし
連続労働日数の限度	特定期間以外：6 日 特定期間：1 週に 1 日の休日が確保できる日数（連続 12 日まで可）	なし

3 | 2024年問題への対応

令和6年（2024年）4月より、これまで適用猶予されていた建設業にも労働時間の上限規制が適用されます。

労働時間の上限規制

①　時間外労働の上限は、原則月45時間、年360時間まで

②　特別条項（臨時的な特別な事情があるとして労使合意している場合）

a）時間外労働は年720時間以内

b）時間外労働＋休日労働は、月100時間未満

c）時間外労働＋休日労働は、2から6カ月平均80時間以内

d）時間外労働が月45時間を超える月数は、年6回まで

なお、災害時における復旧および復興の事業に限り、次の項目は適用されません。

b）時間外労働＋休日労働は、月100時間未満

c）時間外労働＋休日労働は、2から6カ月平均80時間以内

月45時間を超える時間外労働が常態化している会社においては、労働時間の削減に早急に取り組む必要があります。時間外労働・休日労働の削減方法として、次のような取組みが考えられます。

① 労働時間の削減に取り組むというトップの強い意思を発信する

社長自らが長時間労働を是とせず、生産性の向上や業務の効率化へシフトしていくのだという強い信念を持つことが大事です。

朝礼や会議、経営方針の発表の場や、自社ホームページなどを利用し、

会社の本気度を従業員や関係先に強くアピールします。

②　適正な工期設定

　国交省より「建設工事における適正な工期設定等のためのガイドライン」が発出されています。発注者に対しては「施工条件の明確化等を図り、適正な工期で請負契約を締結」、受注者に対しては「建設工事従事者の長時間労働を前提とした不当に短い工期とならないよう、適正な工期で請負契約を締結」するよう求めています。また、「建設業法令遵守ガイドライン（第9版）」（国交省）も令和5年6月に更新されており、元請下請間の対等な関係や取引の公正化を図るための留意点がまとめられています。

③　労働時間削減のためのさまざまな制度の導入

> ａ）変形労働時間制の導入
> ｂ）ノー残業デー、勤務間インターバル制度の導入
> ｃ）週休二日制への取組み
> ｄ）人手不足への対応（高齢者、女性、外国人の活用）

④　年次有給休暇の取得促進

　数年分の自社の年次有給休暇の取得率を調べてみます。低い水準で横ばいが続いているような場合、職場慣習として有給休暇を取得しづらい状況になっている可能性があります。閑散期や工期終了のタイミングなど取得しやすい時期に上長が声掛けする等により有給休暇取得の促進を図ります。また、取得目標を作り、各人の年間有給取得計画を作るのもよいでしょう。

　労使協定による計画的付与の制度を利用し、新たに夏季休暇やＧＷのはざまの平日を有給取得日と設定するなども取得率向上につながります。

⑤ 始業・終業時刻や休憩時間の弾力的な運用

　現場や職種によっては、工期や業務スケジュールにより始業終業時刻の繰上げ繰下げや手待ち時間の削減、休憩時間の変更などが可能になる場合があります。長時間労働が美徳であるという固定観念を捨て、始業時刻を遅らせる、終業時刻を早める等現場の管理職の判断で弾力的に適用できる仕組みを作ることも有効です。

⑥ IOT の活用（インターネットを活用した情報通信技術）

　IOT というと資金がかかりそう、難しそう、というイメージがありますが、出退勤管理や日報システム等身近なところから活用が始まっています。例えば、出退勤管理の場合、スマートフォンアプリで、始業終業時刻・休憩時刻などワンクリックで記録されます。データは管理本部で一括管理できるため、全従業員の労働時間の状況が一目で確認でき、人員配置の見直し等による長時間労働の予防や健康管理に役立てることが可能となります。

　厚労省は、働き方改革特設サイトにて、時間外労働の削減をはじめとする中小企業の取組み事例を公開しています。建設業の事例も多数ありますので、自社の改革に役立てることができます。

【実務上のポイント】
① 労働時間を正しく理解し、適正に把握すること。
② 労働時間の上限規制に対応するため、適正な工期設定や、変形労働時間制その他制度の導入により、時間外労働・休日労働を削減すること。

2 労働時間管理

　働き方改革関連法により、平成31年４月１日より、すべての会社において従業員の労働時間を把握し、管理することが義務付けられました(※)。

　建設業においては、就業場所が主として事業場外かつ変動するため労働時間の把握・管理に困難を伴いますが、「労働時間の適正な把握のために使用者が講ずべき措置に関するガイドライン」(厚労省平29.1.20)に沿って対応していくことになります。

　労働時間把握に違反した場合の罰則はありませんが、使用者が労働時間の把握を怠ったことにより従業員が何らかの損害を被った場合、例えば労働時間管理をせず時間外労働が月100時間を超える状態にいた従業員がうつ病に罹患し自殺したような場合は、労災と認定され、さらに使用者の安全配慮義務違反(労働契約法(以下、「労契法」という)５条)として民事損害賠償を請求される可能性があります。

　※　「事業者は……厚生労働省令で定める方法により、労働者の労働時間の
　　　状況を把握しなければならない」(安衛法66条の８の３)

1 労働時間の把握方法

　労働時間は、労働日ごとの始業・終業時刻を確認・記録し、これを基に何時間働いたかを把握・確定する必要があります。この始業・終業時刻の確認・記録の方法にはルールがあります。

① 原則的な方法

> a） 使用者が自ら現認する
> b） タイムカード等の客観的な記録を基礎として確認し適正に
> 記録する

aは、事業主と従業員が常に一緒に行動する小規模事業者以外は難しいと考えられますので、複数の現場を同時に抱えている場合などではbが求められることになります。とはいえ事業場外作業が主である建設業の場合、タイムカードはほとんど使えません。

そこで、今後はタイムカードに近い方式として、近年急速に普及し、導入費用や運用経費も安くなっているスマートフォンを使った労働時間管理システムの利用が考えられます。操作方法も簡略化されたものが増えており、今後はこれらの活用も考えたいものです。

② 自己申告制による場合

建設業の場合、①の原則的な方法が使えないことも多く、やむを得ず自己申告制とせざるを得ないのが実態です。中小規模事業者においては自己申告制的な方法として、出面（でづら）帳に出勤した事実のみをマル印で記録する例、現場ごとにリーダーが全員の入場・退出時刻を一括して日報に記録する例がありますが、これらはいずれも労働時間管理をしているとはいえません。

今後は、個人ごとに日々、労働の開始・終了時刻を本人が記録することが必要です。このような適正な自己申告制の場合、次の5つの措置を講ずる必要があります。

自己申告制による場合の措置

① 従業員に対し十分な説明を行うこと

② 管理者に対し十分な説明を行うこと

③ 自己申告した労働時間と実際の労働時間が合致しているか、実態調査を実施し、適宜補正すること

④ 自己申告した労働時間を超えて事業場内にいる時間について理由等を報告させる場合、その報告が適正かどうか確認すること

⑤ 自己申告できる労働時間に上限を設けるなど圧力を与え、適正申告を阻害してはならないこと

2 労働時間の管理

労働時間の管理とは、具体的には次のことをさします。

労働時間管理の具体例

① 従業員の労働時間が法定労働時間（1週40時間、1日8時間）に収まるよう管理すること（労基法32条）

　　原則としては、この法定労働時間以内に収める必要がある。

　　法定労働時間を超える場合は、時間外労働および休日労働が②の限度時間を超えないよう管理することになる。

② 法定労働時間を超えて労働した場合、超えた時間を把握し、限度時間を超えないよう管理すること（限度時間および上限規制については、89頁36協定を参照）

　　違反した場合は、6カ月以下の懲役または30万円以下の罰金となる。

労働時間の適正把握に取り組み、限度時間を超える労働時間が常態化している場合は労働時間制度の改革、業務処理の効率化、人員増など含め、長時間労働の削減に計画的に取り組むことが必須です（79頁参照）。

3 | 副業・兼業

建設関係労働者の中には、事業主の異なる現場を掛け持ちする働き方をしているケースも見受けられます。近年、厚労省は副業・兼業を促進する方向にありますが、副業・兼業の場合に問題になるのは、長時間労働による健康障害です。

現行の労基法では38条において、「労働時間は、事業場を異にする場合においても、労働時間に関する規定の適用については通算する」と規定され、「事業場を異にする場合」とは事業主を異にする場合をも含む（労働基準局長通達昭23.5.14基発769号）とされています。

「副業・兼業の促進に関するガイドライン」（令和4年7月改定）において、副業・兼業を行う労働者を使用するすべての使用者が安全配慮義務を負うと記載されています。

会社としては、就業規則等において「労務提供上の支障がある場合には副業・兼業を禁止または制限できる」旨の規定を設けておき、従業員から副業・兼業状況の報告を受けて、安全や健康に支障がないか確認するとともに、問題が認められる場合には適切な措置を講ずることができるような体制を整えておくことが必要になります。

4 | 健康確保措置

① 指針における安全配慮義務および健康福祉措置

労基法改正（平成31年4月1日施行）に関連して、「36協定で定める時間外労働及び休日労働について留意すべき事項等に関する指針」（平

30.9.7厚労告323号）が公布されました。

この中で、36協定の範囲内の労働であっても会社は従業員に対し安全配慮義務を負う（指針3条）とされています。また、限度時間を超えて労働させる労働者に対する「健康・福祉措置の確保」も義務付けられ（指針8条）、36協定で定める事項となっています。

健康・福祉措置の例

a） 医師による面接指導
b） 深夜業（22時～翌朝5時）の回数制限
c） 終業から始業までの休息時間確保（勤務間インターバル）
d） 代償休日・特別な休暇の付与
e） 健康診断
f） 連続休暇の取得
g） 心とからだの相談窓口設置
h） 配置転換
i） 産業医等による助言・指導や保健指導

d、fは閑散期や工期終了のタイミングで、e、gは地域産業保健センターや各建設国保組合などで独自に開設している健康相談窓口等を利用するなど、前向きな検討が望まれます。

② 改正労働安全衛生法における健康確保措置

改正安衛法（平成31年4月1日施行）において、次の点が義務付けられました。

> a） 時間外休日労働の合計が月80時間を超えた従業員に対
>   し、超えた時間について通知すること（52条の2第3項）。
> b） 時間外休日労働が月80時間を超え、かつ疲労の蓄積が認
>   められる従業員から申出があった場合、医師による面接指導
>   を行うこと（66条の8第1項）。

　aは管理監督者を含めたすべての従業員が対象で、毎月1回以上一定の期日を決めて書面や電子メール等により通知します。給与明細への記載による通知でもよいとされています。この規定の意義は、疲労の蓄積のある従業員の面接指導の申出を促すためです。

　従業員数50人以上で産業医の選任義務のある事業場では、産業医への報告なども新たに義務付けられています。50人未満で産業医のいない事業場においてはbの面接指導を行う医師をどうするか、会社として決めておく必要があります。例えば、健康診断を依頼している地域のクリニックに相談するほか、地域産業保健センターでも支援をしています（「第9章　健康の保持増進」328頁参照）。

5 ｜ 代表的な裁判例

① 三菱重工業長崎造船所事件
（最一小判平12.3.9労判778号11頁）

…実作業にあたり作業服、保護具等の装着が義務付けられていた場合、その時間は労基法上の労働時間に該当するとした例

　労基法32条の労働時間とは、「労働者が使用者の指揮命令下に置かれている時間をいい、（中略）労働者の行為が使用者の指揮命令下に置かれたものと評価することができるか否かにより客観的に定まるものであって、労働契約、就業規則、労働協約等の定めのいかんにより

決定されるべきものではないと解するのが相当である。そして、(中略)労働者が、就業を命じられた業務の準備行為等を事業場内において行うことを使用者から義務付けられ、又はこれを余儀なくされたときは、当該行為を所定労働時間外において行うものとされている場合であっても、当該行為は、特段の事情のない限り、使用者の指揮命令下に置かれたものと評価することができ、当該行為に要した時間は、それが社会通念上必要と認められるものである限り、労働基準法上の労働時間に該当すると解される。」とした。

> **【裁判例による実務上のポイント】**
>
> 就業規則上は労働時間外とされていた時間でも、使用者の指揮命令下に置かれていると判断される時間は、労働時間となること。例えば、始業時刻前の朝礼や清掃など業務の準備行為として義務付けられている場合は、労働時間となる。

② 田口運送事件
（横浜地判平26.4.24労判1178号86頁）

…トラック運転手の出荷場や配送先における待機時間は、休憩時間ではなく実労働時間とされた例

「トラック運転手の労働実態に照らすと、出荷場や配送先における待機時間は、いずれも待ち時間が実作業時間に当たり、使用者である被告の指揮命令下に置かれたものと評価することができるものであり、その待機時間中に原告らがトイレに行ったり、コンビニエンス・ストアに買い物に行くなどしてトラックを離れる時間があったとしても、これをもって休憩時間であると評価するのは相当ではない。そして、前記認定の原告らの労働実態に照らすと、原告らが主張するとおり、

原告らの拘束時間中の１時間を休憩時間と認めるのが相当であり、本件全証拠によるも、原告らの休憩時間が１日につき平均して１時間を超えているものと評価し得るような事実ないし事情は認められない。」

┈┈┈┈【裁判例による実務上のポイント】
① 待機時間は、労働から完全に離れることが保証されていない限りは、労働時間とみなされること。
② 待機時間と休憩時間は明確に分ける。待機時間は労働時間として賃金の支払いが必要であり、休憩時間は労働から解放されていることが必要であること。

③ 阿由葉工務店事件
（東京地判平 14. 11. 15 労判 836 号 148 頁）

…会社事務所と工事現場との往復は、会社が命じたものではなく、通勤としての性格を多分に有し労働時間にはあたらないとした例

┈┈┈┈【裁判例による実務上のポイント】
会社命令でなく従業員の任意（※）により、会社に集合して一緒に現場へ往復する場合は通勤時間であり、労働時間にあたらない、とされる場合もあること。

※ 運転者や集合時刻等も従業員間で任意に定めており、通勤としての性格を多分に有していると判断された。

3 ｜ 時間外労働・休日労働に関する労使協定

　労基法で定める法定労働時間（1日8時間、週40時間）を超えて時間外労働をさせる場合には、①労基法36条に基づく時間外労働・休日労働に関する労使協定（36協定）を締結し、②労基署へ届出し、③同法106条により従業員に周知しなければなりません。

　協定の締結および届出により免罰効果（※）が発生します。

　※　法律的に罰則が適用されない効果

　平成31年4月施行の働き方改革関連法では、36協定に関連した法改正も多く、36協定について留意すべきガイドライン（労働基準法第36条第1項の協定で定める労働時間の延長及び休日の労働について留意すべき事項等に関する指針）も発出されました。

　行政はこれまでも協定の未締結・未届出に対しては是正勧告を発出してきましたが、最近は、労働者代表者の選出方法や特別条項の発動方法についても厳しくチェックする傾向にあります。

　罰則もありますので、適正な協定の締結と届出、運用が必須となります。

1 ｜ 労使協定締結の単位

　本社、支社などがある場合、それぞれの事業場単位で締結します。ただし、非常に小規模で組織的関連、事務能力の点を勘案して独立性のない事業場は、直近上位の支店等と一括する取扱いも可能です。

　なお、建設業の場合は「現場事務所があって、当該現場において労務

管理が一体として行われている場合を除き、直近上位の機構に一括して適用すること」（昭 63.9.16 基発 601 号の 2）とされていますので、工事現場ごとではなく労務管理事務処理等を行っている本社等にて締結・届出します。

2 法改正による 36 協定届様式の変更

令和 6 年 4 月より 36 協定届の様式が変更になりました。特別条項の有無や災害時の復旧復興の有無により、使用する様式が決まります。

なお、新様式を使用する時期は、労使協定の期間の始期が令和 6 年 4 月 1 日以降にあるものからとなります。

特別条項（※1）	災害時の復旧復興（※2）	36 協定の様式
なし	なし	様式 9 号（92 頁参照）
あり	なし	様式 9 号の 2（93 頁参照）
なし	あり	様式 9 号の 3 の 2（94 頁参照）
あり	あり	様式 9 号の 3 の 3（95 頁参照）

※1　特別条項について　時間外労働の上限は、原則月 45 時間、年 360 時間ですが、臨時的な特別な事情があり労使合意する場合は、特別条項を締結することができます。

※2　災害時の復旧復興　災害等により臨時の必要がある場合に労基署の許可を受けることにより、原則的な上限を超えて時間外労働・休日労働をさせることができます。許可基準については、通達（令和元年 6 月 7 日付基発 0607 第 1 号）が発出されています。

※3　労基法 33 条による災害等　人命・公益保護のため、災害その他避けることのできない事由により臨時の必要がある場合、36 協定で締結した時間を超えて時間外労働・休日労働をさせることができます。

　　風水害、雪害等緊急な作業の必要性により当該規定を適用する場合は、あらかじめまたは事態が急迫している場合は事後速やかに様式第 6 号の届出をします。

3 協定内容についての留意点

36 協定については、「36 協定で定める時間外労働及び休日労働について留意すべき事項等についての指針（平 30. 9. 7 厚労告 323 号）」に締結にあたっての注意事項があります（巻末資料 344 頁参照）が、その他、次の点にも留意します。

①　記名押印・署名

押印原則の見直しにより、36 協定届への労使双方の押印が不要になりました。ただし、この押印省略が認められるのは、別途 36 協定書を作成している場合のみです。36 協定書を兼ねる場合には、記名押印・署名が必要です。

②　36 協定の有効期間と効力

36 協定の有効期間は、「1 年間」とすることが望ましいとされており、最も短い場合でも「1 年間」です。

36 協定は、有効期間を過ぎると効力が失われます。効力（免罰効果）は、労基署へ届出した時点から発生しますので、次の有効期間の開始までに締結し届け出することが必要です。

4 過半数代表者の選任にあたっての注意事項

過半数代表者についてはその選任に関して、「法に規定する協定等をする者を選出することを明らかにして実施される投票、挙手等の方法による手続により選出された者であって、使用者の意向に基づき選出されたものでないこと」（労基則 6 条の 2 第 1 項二号）とされています。要件を満たさない場合は協定自体が無効となる可能性があります。

［一般（特別条項なし・災害時復旧復興なし）の場合］

様式第9号（第16条第1項関係）

時間外労働　　に関する協定届
休日労働

事業の種類	事業の名称	事業の所在地（電話番号）	協定の有効期間
建築工事業	株式会社○○○○　○○支店	（〒○○○−○○○○） ○○市○○町１−２−３ （電話番号：○○○−○○○○−○○○○）	○○○○年４月１日から１年間

労働保険番号 ｜ 都道府県 所轄 管轄 基幹番号 枝番号 被一括事業場番号 ｜
法人番号 ｜ ｜

		時間外労働をさせる 必要のある具体的事由	業務の種類	労働者数 （満18歳 以上の者）	所定労働時間 （1日） （任意）	延長することができる時間数			協定の有効期間
						1日	1箇月（①については45時間まで、②については42時間まで）	1年（①については360時間まで、②については320時間まで） 起算日 （年月日）	所定労働時間を超える時間数（任意） 法定労働時間を超える時間数

時間外労働

① 下記②に該当しない労働者

受注の増加、工期ひっ迫への対応	施行管理	10人	8時間	3時間	42時間	320時間	○○○○年４月１日
月末の決算業務	経理	2人	8時間	2時間	42時間	320時間	

② 1年単位の変形労働時間制により労働する労働者

	業務の種類	労働者数 （満18歳以上の者）					
受注の増加、工期ひっ迫への対応	施行管理	10人					
月末の決算業務	経理	2人					

休日労働

休日労働をさせる必要のある具体的事由	業務の種類	労働者数 （満18歳以上の者）	所定休日（任意）	労働させることができる 法定休日の日数	労働させることができる 法定休日における始業及び終業の時刻
受注の増加、工期ひっ迫への対応	施行管理	10人	土日、8月13〜5日、12月28日〜1月3日	1か月に3回	8時〜19時
月末の決算業務	経理	2人	同上	1か月に1回	8時〜22時

上記で定める時間数にかかわらず、時間外労働及び休日労働を合算した時間数は、1箇月について100時間未満でなければならず、かつ2箇月から6箇月までを平均して80時間を超過しないこと。☑（チェックボックスに要チェック）

協定の成立年月日　○○○○年　3月　12日

協定の当事者である労働組合（事業場の労働者の過半数で組織する労働組合）の名称又は労働者の過半数を代表する者の　職名　施工管理業務主任　氏名　乙山　二郎

協定の当事者（労働者の過半数を代表する者の場合）の選出方法（　投票による選挙　）

上記協定の当事者である労働組合が事業場の全ての労働者の過半数で組織する労働組合である又は上記協定の当事者である労働者の過半数を代表する者が事業場の全ての労働者の過半数を代表する者であること。☑（チェックボックスに要チェック）
上記労働者の過半数を代表する者が、労働基準法第41条第2号に規定する監督又は管理の地位にある者でなく、かつ、同法に規定する協定等をする者を選出することを明らかにして実施される投票、挙手等の方法による手続により選出された者であって使用者の意向に基づき選出されたものでないこと。☑（チェックボックスに要チェック）

○○○○年　3月　15日

使用者　職名　株式会社○○　代表取締役　氏名　甲野　一郎

○○　労働基準監督署長殿

【一般(特別条項あり・災害時復旧復興なし)の場合】

様式第9号の2(第16条第1項関係)

時間外労働
休日労働　に関する協定届(特別条項)

臨時的に限度時間を超えて労働させることができる場合	業務の種類	労働者数(満18歳以上の者)	労働者代表への通知(該当する番号)	1日(任意) 延長することができる時間数／所定労働時間を超える時間数	1箇月(時間外労働及び休日労働を合算した時間数。100時間未満に限る。) 限度時間を超えて労働させることができる回数(6回以内に限る。)／延長することができる時間数及び休日労働の時間数／所定労働時間を超える時間数と休日労働を合算した時間数(任意)／限度時間を超えた労働に係る割増賃金率			1年(時間外労働のみの時間数。720時間以内に限る。) 起算日(年月日)／延長することができる時間数／所定労働時間を超える時間数(任意)／限度時間を超えた労働に係る割増賃金率	
突発的なトラブル、クレームへの対応	発行管理	10人	①、③、⑩	6時間	6回	80時間	25%	720時間	25%

限度時間を超えて労働させる場合における手続　労働者代表への通知

限度時間を超えて労働させる労働者に対する健康及び福祉を確保するための措置　(具体的内容)　対象労働者への医師による面接指導の実施、対象労働者に11時間の勤務間インターバルを設定、長時間労働者対策委員会の開催　☑

上記で定める時間数にかかわらず、時間外労働及び休日労働を合算した時間数は、1箇月について100時間未満でなければならず、かつ2箇月から6箇月までを平均して80時間を超過しないこと。　☑(チェックボックスに要チェック)

協定の成立年月日　〇〇〇〇年　3月　12日

協定の当事者である労働組合(事業場の労働者の過半数で組織する労働組合)の名称又は労働者の過半数を代表する者の　職名　施工管理業務主任　氏名　乙山 二郎

協定の当事者(労働者の過半数を代表する者の場合)の選出方法(　投票による選出　)

上記協定の当事者である労働組合が事業場の全ての労働者の過半数で組織する労働組合である又は上記協定の当事者である労働者の過半数を代表する者が事業場の全ての労働者の過半数を代表する者であること。　☑(チェックボックスに要チェック)

上記労働者の過半数を代表する者が、労働基準法第41条第2号に規定する監督又は管理の地位にある者でなく、かつ、同法に規定する協定等をする者を選出することを明らかにして実施される投票、挙手等の方法による手続により選出された者であって使用者の意向に基づき選出されたものでないこと。　☑(チェックボックスに要チェック)

〇〇〇〇年　3月　15日

使用者　職名　株式会社〇〇　代表取締役　氏名　甲野 一郎

〇　〇　〇　労働基準監督署長殿

【特別条項なし・災害時の復旧復興ありの場合】

様式第9号の3の2（第70条関係）

時間外労働
休日労働 に関する協定届

労働保険番号		
都道府県	所掌	管轄	基幹番号	枝番号	被一括事業場番号
		0000000000		

法人番号 00000000000

事業の種類	事業の名称	事業の所在地（電話番号）	協定の有効期間
建築工事業	株式会社〇〇〇〇 〇〇支店	（〒 000 − 0000）〇〇県〇〇郡〇〇町〇〇1−2−3（電話番号：××−123−4567）	〇〇〇〇年4月1日 から1年間

時間外労働

	時間外労働をさせる必要のある具体的事由	業務の種類	労働者数（満18歳以上の者）	所定労働時間（1日）（任意）	延長することができる時間数 1日（法定労働時間を超える時間数／所定労働時間を超える時間数）（任意）	延長することができる時間数 1箇月（①については45時間まで、②については42時間まで）（法定労働時間を超える時間数／所定労働時間を超える時間数）（任意）	延長することができる時間数 1年（①については360時間まで、②については320時間まで）起算日（年月日）〇〇〇〇年4月1日（法定労働時間を超える時間数／所定労働時間を超える時間数）（任意）
① 下記②に該当しない労働者	受注の増加、工期のひっ迫への対応	施工管理	8人	7時間40分	4時間	42時間	320時間
	月末の決算業務	経理	2人	7時間40分	4時間	42時間	320時間
② 1年単位の変形労働時間制により労働する労働者							

休日労働

	休日労働をさせる必要のある具体的事由	業務の種類	労働者数（満18歳以上の者）	所定休日（任意）	労働させることができる法定休日の日数	労働させることができる法定休日における始業及び終業の時刻
	受注の増加、工期のひっ迫への対応	施行管理	8人	第1第3土曜・日曜・祝日	1箇月に2日	8時から22時
	月末の決算業務	経理	2人	第1第3土曜・日曜・祝日	1箇月に1日	8時から20時

上記で定める時間数にかかわらず、時間外労働及び休日労働を合算した時間数は、1箇月について100時間未満でなければならず、かつ2箇月から6箇月までを平均して80時間を超過しないこと。 ☑（チェックボックスに要チェック）

復興の事業に従事する場合は除く。）。

協定の成立年月日 〇〇〇〇年 3 月 22 日

協定の当事者である労働組合（事業場の労働者の過半数で組織する労働組合）の名称又は労働者の過半数を代表する者の 職名 施工管理業務 主任 氏名 甲野 太郎

協定の当事者（労働者の過半数を代表する者の場合）の選出方法（ 投票による選出 ）

上記協定の当事者である労働組合が事業場の全ての労働者の過半数で組織する労働組合である又は上記協定の当事者である労働者が事業場の全ての労働者の過半数を代表する者であること。 ☑（チェックボックスに要チェック）

上記労働者の過半数を代表する者が、労働基準法第41条第2号に規定する監督又は管理の地位にある者でなく、かつ、同法に規定する協定等をする者を選出することを明らかにして実施される投票、挙手等の方法による手続により選出された者であって使用者の意向に基づき選出されたものでないこと。 ☑（チェックボックスに要チェック）

〇〇〇〇年 3 月 25 日

使用者 職名 株式会社〇〇〇〇 代表取締役 氏名 乙田 一郎

〇〇 労働基準監督署長殿

【特別条項あり・災害時の復旧復興ありの場合】

様式第9号の3の3（第70条関係）

時間外労働 に関する協定届（特別条項）
休日労働

	業務の種類	労働者数（満18歳以上の者）	1日（任意）延長することができる時間数	所定労働時間を超える時間数（任意）	1箇月（時間外労働及び休日労働を合算した時間数。①については100時間未満に限る。）延長することができる時間数及び休日労働の時間数	限度時間を超えて労働させることができる回数（6回以内に限る。）	所定労働時間を超える時間数（任意）	限度時間を超えた労働に係る割増賃金率	1年（時間外労働のみの時間数。720時間以内に限る。）起算日（年月日）○○○○年4月1日 延長することができる時間数	所定労働時間を超える時間数（任意）	限度時間を超えた労働に係る割増賃金率
① 工作物の建設の事業に従事する場合 臨時的に限度時間を超えて労働させることができる場合											
② 災害時における復旧及び復興の事業に従事する場合（注）②の事業に従事しない場合は、②の事業に従事する労働者にのみ適用されることに留意すること。	自治体要請に基づく復旧工事対応	施工管理	8人	6時間		120時間	6回		25%	750時間		25%

限度時間を超えて労働させる場合における手続　労働者代表者に対する事前通知

限度時間を超えて労働させる労働者に対する健康及び福祉を確保するための措置
（該当する番号）⑦⑧
（具体的内容）心とからだの健康問題についての相談窓口を設置する。
労働者の勤務状況及びその健康状態に応じて、必要な場合には適切な部署に配置転換をする。

☑ 1箇月に1回について100時間未満でなければならず、かつ2箇月から6箇月までを平均して80時間を超過しないこと（災害時における復旧及び復興の事業に従事する場合は除く。）。（チェックボックスに要チェック）

協定の成立年月日　○○○○年 3 月 22 日

協定の当事者である労働組合（事業場の労働者の過半数で組織する労働組合）の名称又は労働者の過半数を代表する者の　職名 工事管理業務 主任　氏名 甲野 太郎

協定の当事者（労働者の過半数を代表する者の場合）の選出方法（ 投票による選出 ）

上記協定の当事者である労働組合が事業場の全ての労働者の過半数で組織する労働組合である場合又は上記協定の当事者である労働者の過半数を代表する者が事業場の全ての労働者の過半数を代表する者であること。☑（チェックボックスに要チェック）

上記労働者の過半数を代表する者が、労働基準法第41条第2号に規定する監督又は管理の地位にある者でなく、かつ、同法に規定する協定等をする者を選出することを明らかにして実施される投票、挙手等の方法による手続により選出された者であって使用者の意向に基づき選出されたものでないこと。☑（チェックボックスに要チェック）

○○○○年 3 月 25 日

使用者　職名 株式会社○○○○ 代表取締役　氏名 乙田 一郎

○○　労働基準監督署長殿

①　過半数代表者の要件

　過半数代表者の要件は次の通りです。

---

　a）　労基法 41 条 2 号に規定する監督または管理の地位にある
　　者でないこと
　b）　法に規定する協定等をする者を選出することを明らかにし
　　て実施される投票、挙手等の方法による手続きにより選出され
　　た者であること

　「投票、挙手等」の「等」の解釈については通達により「労働者の話
合い、持ち回り決議等労働者の過半数が当該者の選任を支持しているこ
とが明確になる民主的な手続きが該当する」（平 11. 3 .31 基発 169）と
されています。

　　（注）　過半数の母体である労働者数は、当該事業場で雇用される労基法上
　　　　の労働者全部で、パート・アルバイトや休職中の者も含まれます。

②　過半数代表者の選出方法

　過半数代表者の選出方法については、労基則や通達により次の 2 つの
要件をいずれも満たすものとされています。

---

　a）　その者が労働者の過半数を代表して労使協定を締結するこ
　　との適否について判断する機会が、当該事業場の労働者に与え
　　られている（使用者の指名などその意向に沿って選出するよう
　　なものではない）こと
　b）　当該事業場の過半数の労働者がその候補者を支持している
　　と認められる民主的な手続きがとられている（労働者の投票、
　　挙手等の方法により選出される）こと

さらに、次に掲げる場合は、協定自体が無効とされています。

---

a） 労働者を代表する者を使用者が一方的に指名している

b） 親睦会の代表者が自動的に労働者代表となっている

c） 一定の役職者が自動的に労働者代表となることとされている

d） 一定の範囲の役職者が互選により労働者代表を選出している

なお、投票、挙手等による方法で選出した場合には、その証拠を残しておきます。投票の場合は投票用紙、挙手による場合はその場所や人数等を議事録に残したり、写真撮影（日付入り）をしたりする等が考えられます。

選出に電子メールを利用することも可能です。配信の記録、各従業員からの意思表示の記録を保存しておきます。「異議ある人はメールをください」ではなく、「賛成の人はメールをください」という方法（賛成者数を明確にしておく）にしてメールを保管しておきましょう。

また、最近は電子投票システムも開発されています。総務人事の作業の効率化のため、このようなシステムを活用するのもよいでしょう。

③ 過半数代表者への不利益取扱いの禁止

以下を理由とした不利益取扱いは、禁止されています（労基則6条の2第3項）。

---

a） 労働者が過半数代表者であること

b） 労働者が過半数代表者になろうとしたこと

c） 労働者が過半数代表者として正当な行為をしたこと

---

5 | 特別条項の手続き

　特別条項を協定した場合、月45時間、年360時間を超えて労働させることができますが、特別条項を発動する際の手続きを定めておく必要があります。労使協定においても「限度時間を超えて労働させる場合における手続」を記載する欄があります（93頁参照）。

　手続きの方法としては、「労働者代表者への通知」「労働者本人への通知」「労使協議による」などが考えられます。通達（平11.1.29基発45号）において、「労使当事者間においてとられた所定の手続の時期、内容、相手方等を書面等で明らかにしておく必要があること」とされています。書面等記録に残しておきましょう。

6 | その他の留意事項

①　周知義務

　36協定は従業員への周知義務もあります（労基法106条1項）。周知の方法としては、①常時各作業場の見やすい場所へ掲示、または備え付ける、②書面を交付する、③労働者が常時確認できる電子機器を事業場に置く、のいずれかで行います（労基則52条の2）。なお、周知義務違反は「30万円以下の罰金」とされています。

②　36協定の締結および届出する事業場単位

　36協定の締結および届出は事業場ごとに行うものですが、建設現場においては、「現場事務所があり、当該現場において労務管理が一体として行われている場合を除き、直近上位の機構に一括して適用すること」とされています。

■ 締結・届出が必要な現場

> ①　事業場の現場事務所を設け、労務管理等を含めた管理責任者
> が常駐している場合
> ②　その現場が労働者を使用する唯一の現場で、他に上位組織に
> 該当する拠点がない場合

■ 締結・届出が不要な現場

> ①　現場内に現場事務所を設けず、または、労務管理等を含めた
> 管理責任者が常駐していない場合
> ②　別拠点の在籍者が、当該現場に短期間の出張作業として入場
> する場合
> ③　一人親方として入場または個人事業主のみを使用する場合

　元請会社より要請がありとりあえず36協定を締結・届出している、
という場合もありますが、上記原則を踏まえ対応してください。

③　罰　則

　法改正により罰則も厳しくなりました。時間外労働があるにもかかわ
らず36協定を締結していないまたは届け出ていない場合と同じく、協
定内容や過半数代表者の選任方法が不適正な場合も、36協定自体が無
効となり、罰則（6カ月以下の懲役または30万円以下の罰金）が適用
されます。また、締結・届出した時間を超えて時間外・休日労働させた
場合も36協定違反となり罰則が適用されます（36協定については
「Wordでつくる三六協定届」日本法令・CD-ROMが参考になります）。

① 日立製作所武蔵工場事件
（最一小判平3．11．28 労判 594 号7頁）

…労働協約または就業規則に定めがあり、業務上の必要性がある場合には従業員は 36 協定の範囲内でその命令に従う義務があるとした例

「被上告人（武蔵工場）とその労働者の過半数で組織する組合との間において書面による協定（以下「本件 36 協定」という。）が締結され、所轄労働基準監督署長に届け出られた。そこで、上司が上告人に対し、同日残業をしてトランジスター製造の歩留りが低下した原因を究明し、その推定値を算出し直すように命じたが、上告人は右残業命令に従わなかったというものである。」

「労働基準法（昭和六二年法律第九九号による改正前のもの）32 条の労働時間を延長して労働させることにつき、使用者が、当該事業場の労働者の過半数で組織する労働組合等と書面による協定（いわゆる 36 協定）を締結し、これを所轄労働基準監督署長に届け出た場合において、使用者が当該事業場に適用される就業規則に当該 36 協定の範囲内で一定の業務上の事由があれば労働契約に定める労働時間を延長して労働者を労働させることができる旨定めているときは、当該就業規則の規定の内容が合理的なものである限り、それが具体的労働契約の内容をなすから、右就業規則の規定の適用を受ける労働者は、その定めるところに従い、労働契約に定める労働時間を超えて労働する義務を負うものと解するを相当とする。」

........【裁判例による実務上のポイント】
① 時間外労働または休日労働を命じるためには、就業規則等
において、具体的な業務上の事由がある場合に延長を命じる
ことができる旨を定めたうえで、適正な 36 協定を締結し、
届出をしておく必要があること。
② ①を満たす場合の命令には、従業員は従う必要があること。

② トーコロ事件上告審
（最二小判平 13. 6. 22 労判 729 号 44 頁）

…役員を含めた全従業員で構成された親睦団体の代表者が過半数代表
者として 36 協定を締結したが、過半数代表者の要件を満たさない
として協定自体が無効とされた例

........【裁判例による実務上のポイント】
過半数代表者の選任は、「使用者の意向に基づき選任された
ものでないこと」に留意し、適正な方法および手続きにより行
う必要があること。

4 労働時間と賃金

　賃金は労働契約の基本的要素であることから、労基法では賃金支払5原則（①通貨払い、②全額払い、③直接払い、④毎月1回以上払い、⑤一定期日払い）（労基法24条）などに加えて、法定労働時間外、法定休日、深夜に労働した場合には割増賃金の支払いを義務付けています（労基法37条）。割増賃金が法定通りに支払われていない場合、労基署は事業所に対して賃金未払い＝労基法違反として指導と取締りを強めています。

　中小建設業にあっては長年の慣習により割増賃金が法定通りに支払われていない例や計算に不備がある例が見られますが、働き方改革関連法による労働時間管理の徹底が求められることにより、その改善に向けた労基署の指導が強まるものと考えられます。

　労働時間は、原則1分単位での把握が必要で、割増賃金の計算も、日単位で切捨て等の計算方法は認められていません。端数処理については、通達（昭63.3.14基発150号）により、次の方法が認められています。

---

① 　時間外労働、休日労働、深夜労働のそれぞれの合計に1時間未満の端数がある場合に、30分未満の端数を切り捨て、それ以上を1時間に切り上げること。

② 　1時間当たりの賃金額および割増賃金額に円未満の端数が生じた場合、50銭未満の端数を切り捨て、それ以上を1円に切り上げること。

③ 　1カ月における時間外労働、休日労働、深夜労働の各々の割増賃金の総額に1円未満の端数が生じた場合、②と同様に処理すること。

これに違反している場合、実際に労基署より是正勧告を受けている例があります。

1 時間外・休日・深夜労働時間の計算方法

割増賃金の種類と割増率は、次の表の通りです。

割増賃金の種類と割増率

種　類	内　容	割増率
時間外 （時間外手当・ 残業手当）	法定労働時間（1日8時間・週40時間）を超えたとき	25%以上
	時間外労働が限度時間（月45時間・年360時間等）を超えたとき	25%以上 （※）
	時間外労働時間が月60時間を超えたとき	50%以上
休日（休日手当）	法定休日（週1日）に勤務させたとき	35%以上
深夜（深夜手当）	22時～翌5時までの時間帯に勤務させたとき	25%以上

※　25％を超える率とするよう努めること

① 端数処理

原則は分単位ですが、以下の方法も認められています。

> a）日々の時間は各賃金の種類（時間外・休日・深夜手当）ごとに分単位で算出し、月合計時間数について、30分未満の端数を切り捨て、30分以上を1時間に切り上げることにより、各手当の月の総合計時間を計算すること。
>
> b）賃金額の計算における端数処理について、50銭単位で四捨五入すること。

② 割増賃金の算定基礎額

　割増賃金の算定基礎額は通常の労働時間に係る賃金合計ですが、以下は除外してよいことになっています。

割増賃金の算定から除外できる手当

- ・家族手当（家族数に関係なく全員一律の場合は算入）
- ・通勤手当　　　　　　　　　・別居手当
- ・子女教育手当　　　　　　　・臨時に支払われた賃金
- ・１カ月を超えるごとに支払われる賃金
- ・住宅手当（賃貸・持家等住宅形態ごとに一律、定額で支給する場合と扶養家族数に応じて一律支給する場合は算入）

月給制（歩合給あり）の場合の計算例

　基本給 16 万円＋出来高給（歩合給）10 万円。月平均所定労働時間数が 170 時間のときの残業手当の計算方法

　時間外労働時間数：30 時間、深夜労働時間数：10 時間の場合

　固定給時間外部分＝ 16 万円÷ 170 時間× 1.25 × 30 時間
　　　　　　　　　＝ 35,294 円　・・・①

　固定給深夜部分＝ 16 万円÷ 170 時間× 0.25 × 10 時間
　　　　　　　　　＝ 2,353 円　・・・②

　出来高給時間外＝ 10 万円÷ 200 時間（総労働時間数）×
　　　　　　　　　0.25 × 30 時間＝ 3,750 円　・・・③

　出来高給深夜＝ 10 万円÷ 200 時間× 0.25 × 10 時間
　　　　　　　　　＝ 1,250 円　・・・④

　残業手当合計＝①＋②＋③＋④＝ 42,647 円

2 固定残業代制度

　固定残業代制度には、①基本給に一定時間分の割増賃金を含める方法、②基本給とは別に固定残業手当を一定時間相当分として支払う方法、③ある固定的手当を残業代として支払う方法などがあります。

　固定残業代制度についてはトラブルが多発しています。裁判例（医療法人康心会事件最二小判平29. 7. 7）を受けて通達「時間外労働等に対する割増賃金の適切な支払いのための留意事項（平29. 7. 31基発0731第27号）」が発出されました。固定残業代制度が適正と認められるためには、次の２つの要件を満たす必要があるとされています。

固定残業代が適正と認められるための要件

> ①　時間外、休日、深夜など割増賃金にあたる部分について、相当する時間数と金額を書面等で明示し、通常の賃金と割増賃金を明確に区分すること
> ②　割増賃金にあたる部分の金額が、実際の時間外労働等の時間に応じた割増賃金の額を下回る場合には、その差額を追加し支払うこと

※　②に関しては、実際の時間外労働時間が、割増賃金相当時間を下回った場合でも割増賃金を減額してはいけない、との趣旨も含まれていると考えられています。

　この制度のメリットは、①月々の時間外労働等が固定残業時間の範囲内である場合、給与計算事務等の簡便化につながる。②時間外労働等が固定残業分としている一定時間以内に収まる場合、従業員にとっては、実労働時間以上の賃金を受けることになり、効率的な業務への意欲が増

し、生産性が上がる、などが考えられます。ただし、このメリットはすべての会社に当てはまるものではないことに留意が必要です。一部には残業代の抑制になるという誤解のもとに導入している会社も見受けられますが、この制度は一定時間以上の残業代を必ず支払うという制度であり、安易な考えでの導入は止めるべきです。

①　日給制における固定残業制度

建設業では日給制も多く導入されています。日給制の場合で、例えば「8時から18時まで（休憩1時間）実働9時間に対して日給1万円」のような契約の場合、「法定8時間分＋時間外1時間分」の賃金として1万円支給するということになります。

この場合、1日9時間を超える労働に対しては、時間外割増手当が、22時から翌5時までの深夜時間帯の労働には深夜割増手当が発生します。

②　移動時間、手待ち時間の賃金

指揮命令下にあり労働時間となる移動時間や手待ち時間は、その時間に対応する賃金が発生します。

法定労働時間内ならば問題ありませんが、法定労働時間外であった場合、時間外割増手当が発生します。こうした移動時間や手待ち時間が毎月一定時間見込まれ、その時間が推定される場合、「移動手当」「手待時間手当」のように固定的に手当で支給する、という方法もあります。ただし、基本的な考え方は固定残業代制度と同じなので、先に述べた2つの要件を満たす必要があることに注意が必要です。

なお、移動時間や手待ち時間は通常の労働より労働密度が低いとして、通常の労働時間とは別に単価を設定するということもあります。このような制度とする場合は、賃金規程に規定し、根拠を明確にしておく必要があるでしょう。

3 その他の賃金制度

① 月給制への移行

　働き方改革を受けて建設業界においても日給制から月給制への移行が
進んでいます。その波は中小建設業においても例外ではありません（56
頁を参照）。

　人手不足が進むなか、若者や女性、高齢者など多様な人材を確保する
ためにも、休日増、月給制への移行や生産性向上における賃金増は、中
小建設業においても喫緊の課題です。

② 職務給制度・職能給制度

　賃金の決定方法については、職務給制度、職能給制度などがあります。
職務給は仕事（職務）を基準に賃金を決定する制度、職能給は職務能力
（人に備わる能力）を基準に賃金を決定する制度です。

　建設業の場合、工事管理者のようなマネジメント型は職能給、職人の
ような仕事型は職務給、のように区別して制度設計することも考えられ
ます。

4 代表的な裁判例

① テックジャパン事件 （最一小判平24. 3. 8労判1060号5頁）

　…派遣労働者として派遣会社と雇用契約を結んでいた労働者につい
　て、労働時間が160時間以上180時間未満である場合には時間
　外手当を支払われていなかったことから、時間外手当の請求が認め
　られた例

「本件雇用契約は、（略）基本給を月額41万円とした上で、月間総労働時間が180時間を超えた場合には、その超えた時間につき1時間当たり一定額を別途支払い、（略）月間180時間以内の労働時間中の時間外労働がされても、基本給自体の金額が増額されることはない。」

「（略）月額41万円の基本給について、通常の労働時間の賃金に当たる部分と同項の規定する時間外の割増賃金に当たる部分とを判別することはできないものというべきである。

これらによれば、上告人が時間外労働をした場合に、月額41万円の基本給の支払を受けたとしても、その支払によって、月間180時間以内の労働時間中の時間外労働について労働基準法37条1項の規定する割増賃金が支払われたとすることはできないというべきであり、被上告人は、上告人に対し、月間180時間を超える労働時間中の時間外労働のみならず、月間180時間以内の労働時間中の時間外労働についても、月額41万円の基本給とは別に、同項の規定する割増賃金を支払う義務を負うものと解するのが相当である。」

【裁判例による実務上のポイント】

固定残業代制度は、一定の時間外労働分を支払う制度であり、一定時間以上の時間外労働が発生した場合は、上乗せして支払う必要があること。

---

② 日本ケミカル事件
（最一小判平30.7.19労判1186号5頁）

…雇用契約書、採用条件確認書、賃金規程等において、業務手当が残業代である旨記載されており、業務手当の時間と実際の時間外労働時間に大きな乖離がない場合は、当該業務手当は時間外労働等の賃

金の支払いとみなすことができるとした例

「本件雇用契約に係る契約書及び採用条件確認書並びに上告人の賃金規程において、月々支払われる所定賃金のうち業務手当が時間外労働に対する対価として支払われる旨が記載されていたというのである。また、上告人と被上告人以外の各従業員との間で作成された確認書にも、業務手当が時間外労働に対する対価として支払われる旨が記載されていたというのであるから、上告人の賃金体系においては、業務手当が時間外労働等に対する対価として支払われるものと位置付けられていたということができる。さらに、被上告人に支払われた業務手当は、１か月当たりの平均所定労働時間（157.3時間）を基に算定すると、約28時間分の時間外労働に対する割増賃金に相当するものであり、被上告人の実際の時間外労働等の状況と大きくかい離するものではない。これらによれば、被上告人に支払われた業務手当は、本件雇用契約において、時間外労働等に対する対価として支払われるものとされていたと認められるから、上記業務手当の支払をもって、被上告人の時間外労働等に対する賃金の支払とみることができる。」

【裁判例による実務上のポイント】

① 一定の手当を時間外労働に対する対価として支払う場合、契約書や規程に、当該手当は固定残業代として支払う等の支払条件を明記すること。

② 固定残業時間として設定する時間は、実際に発生が予想される時間外労働時間等、実態と乖離しない時間であること。

| コラム⑤ | 建設会社における残業代

　建設会社では、現場作業従業員は一度、会社に集合して、皆で現場に向かうということも多いようです。会社に一度集合した場合でも、降雨によって現場作業が中止になり、その日は無給となったケースもありました。

　この場合、集合時間から解散時間までを労働時間としてカウントすると、未払いの労働時間や法定労働時間を超えた残業時間が発生し得ることになります。従業員の会社に対する未払給料請求や残業代請求という形で問題が顕在化するのです。

　一般に残業代請求における裁判実務では、残業時間や残業代の計算方法の立証が争点となる印象が強いです。例えば、タイムカードがなくて残業代の立証が難しいといったケースなどがあります。

　しかし、建設会社における事例では集合時間、現場開始時間、終了時間、解散時間など比較的時間が明らかであるため、残業の存在は明確になります。要は、タイムカードがなくとも残業代の立証が可能となり得るのです。

　もちろん、個別事例によっては、集合時間ではなく、現場の作業開始時間から労働時間とされるケースもあるでしょうが、建設会社側への風当たりが強い例も少なくありません。建設会社には「現場の作業開始時間からが労働時間である」との認識が根強いように思われますが、近時の裁判の流れからすると冒頭のような場合は賃金の支払いを命じられる可能性が高くなっています。

　ちなみに、残業代を含む賃金請求権の時効は３年（それまでは２年）となりました。令和２年施行の労働基準法改正により、期間を延長させて「５年」（同法 115 条）と記載されましたが、「当分の間」「３年」と読みかえる規定も設けられたのです（同

法143項3項)。

　なお令和7年にも時効期間が見直される可能性があり、今後の裁判実務では未払残業代の金額が5年分となる例が出てくるでしょう。これは企業側の負担が増える可能性があることをも意味しています。労働時間の管理はますます重要になっています。

5 | 就業規則

　就業規則とは、会社における基本的な労働条件や職場規律を定めたものです。就業規則に定められた賃金、労働時間などの諸条件は、会社と従業員との契約内容となるもので、作成された就業規則は使用者(会社)、従業員双方に遵守義務があります。

　安易に他社の就業規則や一般モデル規程を流用せず、自社の経営方針に合った内容で作成することが重要です。

1 | 就業規則の作成要件

　労基法では、就業規則には次の必要記載事項を規定したうえで「常時10人以上の労働者を使用する使用者は、(中略)行政官庁(労働基準監督署)に届け出なければならない」としています。事業場単位で、パートタイマーや契約社員などの臨時社員等も含め常時10人以上使用する場合は、作成する義務があります(法89条)。

　就業規則は、正社員用と臨時社員等用に分けて作成することができます。正社員以外に臨時社員等がいるにもかかわらず正社員用しかなく、臨時社員等は除外する旨の規定がない場合は、臨時社員等も当該正社員用規則が適用されることとなります。臨時社員等には適用しない規則がある場合は、別規程として臨時社員用就業規則を作成したほうがよいでしょう。

　中小建設業にあっては業務多忙時に一時的に日雇い労働者を雇ったり一人親方に委託することがありますが、それらの人は常用ではありませんので常時10人以上の対象外となります。

就業規則の必要記載事項

絶対的必要記載事項 （必ず規定するもの）	相対的必要記載事項 （制度を設ける場合は規定するもの）
・始業および終業の時刻、休憩時間、休日、休暇、交替制の場合には就業時転換に関する事項 ・賃金の決定、計算、支払方法、締切と支払日、昇給に関する事項 ・退職に関する事項（解雇の事由を含む）	・退職手当に関する事項 ・賞与に関する事項 ・食費や作業用品等に関する事項 ・安全および衛生に関する事項 ・職業訓練に関する事項 ・災害補償、業務外の傷病扶助に関する事項 ・表彰および制裁に関する事項 など

就業規則の作成要件

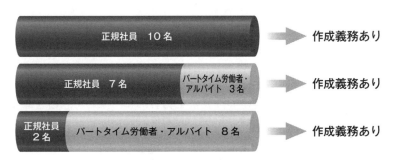

（東京労働局「就業規則作成の手引き」より）

　常用労働者が10人未満の場合は、労基法上の就業規則作成義務はありませんが、労働条件や職場規律を明確にしておくためにも作成が望ましいとされています。

2 就業規則の変更手続

　会社と従業員との契約内容が変わったり、法改正や制度改定により、就業規則の内容を変更しなければならない場合があります。その場合は、変更後の規則を速やかに労基署へ届け出る必要があります。

　なお、変更理由が会社内の制度改定によるもので、従業員にとって不利益変更となる場合は、特に注意が必要です。例えば、出勤に関しこれまでは各自で現場へ直行であったところ、一旦会社に集合することを義務付け、集合時間が従来の始業時刻より早まるというような場合は、不利益変更になる可能性があります。

① 不利益変更する場合は従業員の合意が必要

　就業規則変更により労働条件を不利益に変更することになる場合には、原則として従業員の合意が必要です（労働契約法（以下、「労契法」という）8条、9条）。

② 従業員全員の合意が得られない場合

　変更に合意しない従業員がいる場合は、変更内容に合理性があることが必要です。合理性は次の5要素を総合的に考慮して判断されることになっています。合理性があると判断されれば変更に合意しなかった従業員も変更内容に拘束されます（労契法10条）。

合理性の判断要素

---

a) 労働者の受ける不利益の程度

b) 労働条件の変更の必要性

c) 変更後の就業規則の内容の相当性

d) 労働組合等との交渉の状況

e）　その他就業規則の変更に係る事情に照らして合理的なもの
であるとき

3 ｜ 従業員への周知

　就業規則を作成または変更した際は、従業員へ周知することが必要で
す。就業規則が効力を有するためには「内容の適用を受ける事業場の労
働者に周知させる手続が採られていることを要する」（フジ興産事件
最小二判平 15.10.10）との判例があります。

　周知方法としては、「常時各作業場の見やすい場所へ掲示し、又は備
え付けること、書面を交付することその他の厚生労働省令で定める方法」
（労基法 106 条）とされており、その他パソコンのサーバーに保存しい
つでも見られる状態にしておく方法も可能です。

4 ｜ 就業規則の届出義務

　常時 10 人以上の労働者を使用する場合は、就業規則を作成または変
更した際、事業場所轄の労基署へ届け出ることが義務付けられています
（労基法 89 条）。

　届出の際は、労働者の過半数で組織する労働組合がある場合はその労
働組合、労働組合がない場合は労働者の過半数を代表する者（以下、「過
半数代表者」という）の意見を聴き、この過半数代表者の意見書を添付
します。なお、意見書はあくまでも意見書であって、その内容が反対意
見であっても差支えないとされています。過半数代表者が、誤解により
会社を非難する見当違いの「意見書」を提出したことに対し、会社が「従
業員意見書に対する会社の意見書」を添付した例もあります。

5 建設業に特有の規定

① 労働時間に関する規定

a）時期によって繁閑差がある場合の労働時間制度

　屋外労働が多いため日の長い夏季の労働時間を増やしたい、または例年年度末が繁忙期となるのでその時期の労働時間を増やしたいなど、時期によって繁閑差がある場合は、1年単位の変形労働時間制を導入するのも有効です（第4章−1「労働時間制度」参照）。

b）移動時間、手待ち時間に関する規定

　現場への移動方法や手待ち時間については、指揮監督下にあるかどうかで労働時間であるかないかの判断がなされますので、定義を明確に規定します（第4章−1「労働時間制度」参照）。

c）屋外作業の場合の天候による休日の振替

　土木など屋外作業が中心である業種の場合、雨天や降雪時に作業できないことがあります。工期の問題もあり、それらの日を休日とするにも限界があります。そのため、悪天候の際の振替について規定します。

　「屋外労働者についても休日はなるべく一定日に与え、雨天の場合には休日をその日に変更する旨を規定するよう指導されたい。」（昭23.4.26基発651号、昭33.2.12基発90号）とする通達が参考になります。

「労働時間」の項での規定例

第○条　労働時間は、1週間については40時間、1日について
　　　は8時間とする。

　2　始業・終業の時刻および休憩時間は、次の通りとする。た
　　　だし、作業工程の変更、天候急変等やむを得ない事情により、
　　　これらを繰り上げ、または繰り下げることがある。

始　　業	終　　業	休　　憩
午前8時00分	午後5時30分	①　午前10時から15分間
		②　正午から1時間
		③　午後3時から15分間

　3　労使協定を締結し、毎年4月1日を起算日とする1年間を
　　　対象期間とする1年単位の変形労働時間制によることができ
　　　る。この場合、1年間を平均し1週間当たり40時間以内の
　　　範囲で所定労働日、所定労働日ごとの始業および終業の時刻
　　　を定めるものとする。

　4　前項の場合の1日の始業・終業の時刻、休憩時間は次の通
　　　りとする。

　　①　4月1日〜9月30日

始　　業	終　　業	休　　憩
午前8時00分	午後6時00分	①　午前10時から15分間
		②　正午から1時間
		③　午後3時から15分間

　　②　10月1日〜3月31日

始　業	終　業	休　憩
午前8時00分	午後5時00分	①　午前10時から15分間 ②　正午から1時間 ③　午後3時から15分間

5　第3項による場合であっても管理部門等1年単位の変形労働時間制を適用しない従業員の労働時間および休憩時間については第2項の通りとする。

「労働時間の定義」の項での規定例

第○条　労働時間に関する定義は、次の通りとする。
①　始業時刻：会社の指揮命令に基づく業務を開始すべき時刻をいう。
②　終業時刻：会社の指揮命令に基づく業務を終了すべき時刻をいう。
③　休憩時間：従業員が自由に利用できる時間をいう。
④　手間ち時間：作業に従事していないが、待機している拘束時間をいう。
⑤　移動時間：所定労働時間中の移動は、労働時間とする。自宅と現場間の移動は、通勤であり労働時間として取り扱わない。

「休日」の項での規定例

第〇条　休日は、次の通りとする。
　　①　日曜日（法定休日）
　　②　土曜日
　　③　年末年始（12月29日〜1月3日）
　　④　夏季休日（8月13日〜8月15日）
　　⑤　その他会社が指定する日
2　1年単位の変形労働時間制を適用する従業員の休日については、1年単位の変形労働時間制に関する労使協定の定めるところにより、対象期間の初日を起算日とする1週間ごとに1日以上、1年間に105日以上となるように指定する。その場合、年間休日カレンダーに定め、対象期間の初日の30日前までに各従業員に通知する。
3　前項による場合であっても管理部門等1年単位の変形労働時間制を適用しない従業員の休日については第1項の通りとする。
4　作業工程の変更その他の業務の都合により会社が必要と認める場合は、あらかじめ第1項の休日を他の日と振り替えることがある。
5　第1項の休日以外の日が雨天の場合、当日の午前6時までに従業員に通知のうえ休日とし、他の日と振り替えることがある。

※1年単位の変形労働時間制における振替休日の注意点

　通達（平6.5.31基発330号、平11.3.31基発168号）において、「1年単位の変形労働時間制は、使用者が業務の都合によって任意に労働時

間を変更することのないことを前提とした制度であるので、通常の業務の繁閑等を理由として休日振替が通常行われるような場合は、1年単位の変形労働時間制を採用できない。」としたうえで、次の要件を満たす場合には可能であるとされています。

a）労働日の特定時には予期しない事情が生じたことにより休日振替を行うこと

b）就業規則に振替休日の規定があること

c）特定期間（※）以外の対象期間においては、振替後の連続労働日数は6日以内であること

d）特定期間（※）においては、振替後の連続労働日数は12日以内であること

※　対象期間中の特に業務が繁忙として指定した期間

②　安全衛生に関する規定

a）安全靴や作業着などの義務付けと費用負担

作業によっては、安全靴やヘルメットの装着が義務付けられる場合があり、その際の装備品の費用負担等について規定します。

b）事故防止のための遵守義務事項

安衛法における安全状態を保つ義務（法26条・32条・33条・120条）に関連して、従業員が遵守すべき事項を規定します。

c）安全衛生教育

安衛法において雇入れ時教育その他教育（法59条から61条）や、作業によって免許や技能講習等が必要なものがありますので、教育訓練に関する事項を規定します（第8章−12「安全管理」参照）。

d）健康診断や医師の面接指導等の受診義務

さく岩機、鋲打ち機等身体に著しい振動を与える業務など特定業務従事者に義務付けられる健康診断や長時間労働者に対する医師の面接指導等、健康診断や面談の受診義務等について規定します（第9章「健康の保持増進」参照）。

「安全衛生遵守事項」の項での規定例

第〇条　会社は、従業員の安全衛生の確保および改善を図り、快適な職場の形成のために必要な措置を講ずる。

2　従業員は、安全衛生に関する法令および会社の指示を守り、会社と協力して労働災害の防止に努めなければならない。

3　従業員は安全衛生の確保のため、特に下記の事項を遵守しなければならない。

①　統括安全衛生責任者、元方安全衛生管理者、安全衛生責任者、安全衛生推進者、作業主任者、作業指揮者の指示、命令に従うこと。

②　機械設備、工具等の始業前点検を徹底すること。また、異常を認めたときは、速やかに会社に報告し、指示に従うこと。

③　許可なく安全装置や危害防止設備を解除またはその効力を低下させることをしないこと。

④　有資格者に限定された機械設備、車両の運転、操作等は、無資格者は取り扱わないこと。

⑤　法令で義務付けられている保護具着用作業においては、装着義務装備品を必ず着用すること。なお、これら備品の購入費用については、会社は費用の一部を負担することがある。

⑥　機材、資材等の投下は、安全な投下設備を設置するまたは看視人を立ち会わせること。

⑦　喫煙、採暖、たき火等は、所定の場所以外では行わないこと。

⑧　立入禁止または通行禁止区域には立ち入らないこと。

⑨　常に整理整頓に努め、通路、避難口または消火設備の
ある所に物品を置かないこと。

⑩　火災等非常災害の発生を発見したときは、直ちに臨機
の措置をとり、上長に報告し、その指示に従うこと。

「安全衛生教育」の項での規定例

第○条　従業員に対し、雇入れの際および配置換え等により作業
内容を変更した際その他必要に応じて、従事する業務に必
要な安全および衛生に関する教育を行う。

2　従業員は、会社が特に認めた場合を除き、前項の安全衛
生教育を受ける義務があり、かつ受けた事項を遵守しなけ
ればならない。

「健康診断」の項での規定例

第○条　従業員に対しては、雇入れの際および毎年１回（深夜労
働に従事する者は６カ月ごとに１回）、定期に健康診断を
行う。

2　前項の健康診断のほか、法令で定められた特定の有害業
務に従事する従業員に対しては、特別の項目についての健
康診断を行う。

3　長時間の労働により疲労の蓄積が認められる従業員に対
し、その者の申出により医師による面接指導を行う。

4　第１項および第２項の健康診断ならびに前項の面接指導
の結果必要と認めるときは、一定期間の就業禁止その他健
康保持上必要な措置を命ずることがある。

> 5 従業員は日頃から健康の保持増進および傷病予防に努
> め、第1項および第2項に定める健康診断を必ず受診しな
> ければならない。

そのほか、賃金の支払方法について「移動時間込みの日給とする」、「一部について出来高払制である」など、会社独自のルールがある場合なども就業規則に規定します。

「中小企業のための建設業就業規則（日本法令・CD-ROM）」などを参考に、自社の方針に合った、労務管理上のリスクを回避できる就業規則を策定します。

6 代表的な裁判例

① 第四銀行事件 （最二小判平9．2．28労判710号12頁）

…定年の延長と同時に賃金減額となる就業規則の不利益変更を有効とした例

「新たな就業規則の作成又は変更によって労働者の既得の権利を奪い、労働者に不利益な労働条件を一方的に課することは、原則として許されないが、労働条件の集合的処理、特にその統一的かつ画一的な決定を建前とする就業規則の性質からいって、当該規則条項が合理的なものである限り、個々の労働者において、これに同意しないことを理由として、その適用を拒むことは許されない。そして、右にいう当該規則条項が合理的なものであるとは、当該就業規則の作成又は変更が、その必要性及び内容の両面からみて、それによって労働者が被ることになる不利益の程度を考慮しても、なお当該労使関係における当該条項の法的規範性を是認することができるだけの合理性を有するも

のであることをいい、（中略）右の合理性の有無は、具体的には、就業規則の変更によって労働者が被る不利益の程度、使用者側の変更の必要性の内容・程度、変更後の就業規則の内容自体の相当性、代償措置その他関連する他の労働条件の改善状況、労働組合等との交渉の経緯、他の労働組合又は他の従業員の対応、同種事項に関する我が国社会における一般的状況等を総合考慮して判断すべきである。」

> **【裁判例による実務上のポイント】**
> ① 就業規則の変更が不利益変更になる可能性がある場合は、変更の合理性を要すること。
> ② 合理性の有無は、前述**2**②（114頁）の要素が総合的に考慮され判断されること。

② みちのく銀行事件
（最一小判平 12. 9. 7労判 787 号6頁）

…就業規則の変更について過半数組合の同意があっても合理的内容でないとして無効とした例

「行員の約 73 パーセントを組織する労組が本件第一次変更及び本件第二次変更に同意している。しかし、上告人（原告従業員・筆者）らの被る前示の不利益性の程度や内容を勘案すると、賃金面における変更の合理性を判断する際に労組の同意を大きな考慮要素と評価することは相当ではないというべきである。（中略）変更に同意しない上告人らに対しこれを法的に受忍させることもやむを得ない程度の高度の必要性に基づいた合理的な内容のものであるということはできない。したがって、本件就業規則等変更のうち賃金減額の効果を有する部分は、X（原告従業員・筆者）らにその効力を及ぼすことができないと

いうべきである。」

> **【裁判例による実務上のポイント】**
> ①　就業規則の不利益変更を行う場合、たとえ過半数組合の同意があったとしても、変更内容に合理性がないと判断されるとその不利益変更は無効となる場合があり得ること。
> ②　変更内容の合理性の検討は厳密に行う必要があること。

6 労働契約書（労働条件通知書）

　従業員の雇用にあたっては「使用者は、労働契約の締結に際し、労働者に対して賃金、労働時間その他の労働条件を明示しなければならない」（労基法 15 条）とされています。

　建設業においては、労働契約においても習慣的に口頭による契約が少なくない実態があるため、労基法に加えて「建設労働者の雇用の改善等に関する法律」（昭 51.5.27 平 17.7.15 改正）において「事業主は、建設労働者を雇い入れたときは、速やかに、当該建設労働者に対して、当該事業主の氏名又は名称、その雇入れに係る事業所の名称及び所在地、雇用期間並びに従事すべき業務の内容を明らかにした文書を交付しなければならない」（法 7 条）と規定しています。労基署による調査が入った際に労働条件通知書を交付していない場合、是正勧告を受けるケースが多いため、正社員だけでなく出稼ぎ労働者等の臨時社員についても必ず交付します。

1 労働契約書または労働条件通知書の交付

　新規雇入れ時だけでなく、労働条件を変更した場合も変更内容について書面での交付が必要です。

　労働条件通知書は通知書形式であり、会社が従業員へ一方的に交付することで足ります。通知書の原本は従業員へ交付するため、交付した事実や内容の証明のため、当該通知書の写しの末尾に、従業員から「内容の説明を受け、確かに確認した」旨の記載と署名押印を受け、会社が保管する方法もよいでしょう。

　書面の形式は自由とされていますが、厚労省ではインターネットで建設労働者用モデル様式を公開しています。建設業以外の業種のモデル様式とは、「労働時間」「その他」の項目が異なっています。

　トラブルになりやすい項目は、「労働時間」や「賃金」です。建設業の技能者は日給制が多いのが実態ですが、その日給には、何時間の労働時間分として支払うのか、が明確になるように記載します。

　労基法施行規則の改正により令和6年4月より労働条件の明示事項に変更があり、次の3点を記載することとなりました。

①　「就業場所」「従事する業務」について、雇用時と変更の範囲（将来の配置転換等によって変更し得る範囲）に分けて記載

> （例）就業の場所　（雇入れ直後）〇〇営業所
> 　　　　　　　　　（変更の範囲）会社の指定するすべての営業
> 　　　　　　　　　　　　　　　所および現場作業所
> 　　　従事すべき業務（雇入れ直後）電気設備工事業務
> 　　　　　　　　　（変更の範囲）会社内の指定するすべての
> 　　　　　　　　　　　　　　　業務

②　有期労働契約の場合、更新上限の有無と内容を記載

> （例）通算契約期間の上限は3年間とする。
> 　　　契約の更新回数は2回までとする。

　なお、更新上限を新設・短縮する場合は、あらかじめ契約更新するタイミングで、更新上限を設定する・短縮する理由を説明することが必要です。

③ 有期労働契約の場合、無期転換に関する事項を記載

　更新により5年間継続雇用した場合、次の契約更新期間において無期転換申込み権が発生します。その旨について記載することになりました。

> （例）　本契約期間中に会社に対して期間の定めのない労働契約（無期労働契約）の締結の申込みをすることにより、本契約期間の末日の翌日（○年○月○日）から、無期労働契約での雇用に転換することができる。

④ ③の無期転換後の労働条件について記載

　無期転換後に時給その他労働条件を変更することは義務ではありません。ただし、労契法3条2項「労働契約は、労働者及び使用者が、就業の実態に応じて、均衡を考慮しつつ締結し、または変更すべきものとする。」の規定のもと、正社員との均衡を考慮する必要があります。

　無期転換後に労働条件が変更する場合は、無期転換後の労働条件についても書面明示が必要です。

> （例）　無期契約に変更する場合の本契約からの労働条件変更の有無（無・有）
> 　＜有＞の場合、新たな労働条件は別紙のとおりとする。

　労働契約書または労働条件通知書への記載事項は次の通りです。

労働契約書または労働条件通知書への記載事項

書面の交付（※）による明示事項	口頭の明示でもよい事項
① 労働契約の期間（有期労働契約を更新する場合の基準に関する事項、更新上限の有無と内容、5年超の場合無期転換申込権についておよび無期転換後の労働条件） ② 就業の場所・従事する業務の内容（雇入れ時および変更の範囲） ③ 始業・終業時刻、所定労働時間を超える労働の有無、休憩時間、休日、休暇、交替制勤務をさせる場合は就業時転換（交替期日あるいは交替順序等）に関する事項 ④ 賃金の決定、計算、支払方法、賃金の締切・支払日に関する事項 ⑤ 退職に関する事項（解雇の事由を含む）	① 昇給に関する事項 ② 退職手当の定めが適用される労働者の範囲、退職手当の決定、計算・支払の方法、支払時期に関する事項 ③ 臨時に支払われる賃金、賞与などに関する事項 ④ 労働者に負担させる食費、作業用品その他に関する事項 ⑤ 安全・衛生に関する事項 ⑥ 職業訓練に関する事項 ⑦ 災害補償、業務外の傷病扶助に関する事項 ⑧ 表彰、制裁に関する事項 ⑨ 休職に関する事項 （建設業の場合、④⑤⑥⑦は重要事項です）

※　労働者が希望した場合、FAX・電子メール等による明示も可能

(建設労働者用;常用、有期雇用型)

労働条件通知書

年　　　月　　　日

　甲野　太郎　　殿

事業主の氏名又は名称　〇〇建設株式会社
事業場名称・所在地　東京都〇〇区〇〇
〔建設業許可番号　国土交通大臣許可　般〇〇-〇〇〇〇〇号〕
使用者職氏名　代表取締役　〇〇〇〇
雇用管理責任者職氏名　管理部部長　〇〇〇〇

あなたを次の条件で雇い入れます。

契約期間	期間の定めなし、期間の定めあり（　　年　　月　　日～　　年　　月　　日） ※以下は、「契約期間」について「期間の定めあり」とした場合に記入 　1　契約の更新の有無 　　[自動的に更新する・更新する場合があり得る・契約の更新はしない・その他（　　　　）] 　2　契約の更新は次により判断する。 　　・契約期間満了時の業務量　　　・勤務成績、態度　　　　・能力 　　・会社の経営状況　　・従事している業務の進捗状況 　　・その他（　　　　　　　　） 　3　更新上限の有無（無・有（更新　　回まで／通算契約期間　　年まで）） 【労働契約法に定める同一の企業との間での通算契約期間が5年を超える有期労働契約の締結の場合】 　本契約期間中に会社に対して期間の定めのない労働契約（無期労働契約）の締結の申込みをすることにより、本契約期間の末日の翌日（　年　月　日）から、無期労働契約での雇用に転換することができる。この場合の本契約からの労働条件の変更の有無（　無　・　有（別紙のとおり）） 【有期雇用特別措置法による特例の対象者の場合】 　無期転換申込権が発生しない期間：　Ⅰ（高度専門）・Ⅱ（定年後の高齢者） 　Ⅰ　特定有期業務の開始から完了までの期間（　　年　　か月（上限10年）） 　Ⅱ　定年後引き続いて雇用されている期間
就業の場所	（雇入れ直後）　本社及び〇〇支店　　　（変更の範囲）会社が定める場所（関東地方のみ）
従事すべき 業務の内容	（雇入れ直後）　電気設備工事業務　　　（変更の範囲）会社が定める全ての業務 【有期雇用特別措置法による特例の対象者（高度専門）の場合】 ・特定有期業務（　　　　　　　　　　　開始日：　　　　　　完了日：　　　　　）
始業、終業の 時刻、休憩時 間、就業時転 換（(1)～(3) のうち該当す るもの一つに 〇を付けるこ と。）、所定時 間外労働の有 無に関する事 項	1　始業・終業の時刻等 　(1) 始業（　8　時　　分）　終業（　17　時　　分） 　【以下のような制度が労働者に適用される場合】 　(2) 変形労働時間制等；（年）単位の変形労働時間制・交替制として、 　　　次の勤務時間の組み合わせによる。 　　・始業（　時　分）　終業（　時　分）　（適用日　　　　　） 　　・始業（　時　分）　終業（　時　分）　（適用日　　　　　） 　　・始業（　時　分）　終業（　時　分）　（適用日　　　　　） 　(3) フレックスタイム制；始業及び終業の時刻は労働者の決定に委ねる。 　　　　　（ただし、フレキシブルタイム（始業）　時　分から　　時　分、 　　　　　　　　　　　　　　　　　（終業）　時　分から　　時　分、 　　　　　　　　　　　　コアタイム　　　　　時　分から　　時　分） 　〇詳細は、就業規則第〇条～第〇条、第〇条～第〇条、第〇条～第〇条 　2　休憩時間（60）分 　3　所定時間外労働の有無（有）　無）
休　　　日	・定例日；毎週　日曜日、国民の祝日、その他（　第2、第4土曜日、年末年始　） ・非定例日；週・月当たり　　日、その他（　　　　　　　　　　　　　　） ・1年単位の変形労働時間制の場合－年間　105　日 〇詳細は、就業規則第〇条～第〇条、第〇条～第〇条
休　　　暇	1　年次有給休暇　6か月継続勤務した場合→　10　日 　　　　　　　　継続勤務6か月以内の年次有給休暇（有・無） 　　　　　　　　→　　か月経過で　　　日 　　　　　　　　時間単位年休（有・無） 2　代替休暇（有・無） 3　その他の休暇　有給（　　　　　　　　　） 　　　　　　　　　無給（　　　　　　　　　） 〇詳細は、就業規則第〇条～第〇条、第〇条～第〇条

(次頁に続く)

130

賃　　金	1	基本賃金 イ 月給（　　　　　円）、ロ 日給（ 15,000 円）
		ハ 時間給（　　　　　円）、
		ニ 出来高給（基本単価　　　円、保障給　　　円）
		ホ その他（　　　　　　円）
		ヘ 就業規則に規定されている賃金等級等
		※日給は、時間外割増手当1時間分（2,027円）を含む
	2	諸手当の額又は計算方法
		イ（ 家族手当 10,000 円 ／計算方法： 子1人につき5,000 円 ）
		ロ（　　手当　　　　円 ／計算方法：　　　　　　　）
		ハ（　　手当　　　　円 ／計算方法：　　　　　　　）
		ニ（　　手当　　　　円 ／計算方法：　　　　　　　）
	3	所定時間外、休日又は深夜労働に対して支払われる割増賃金率
		イ 所定時間外、法定超 月60時間以内（125）%
		月60時間超 （150）%
		所定超 （100）%
		ロ 休日 法定休日（135）%、法定外休日（125）%
		ハ 深夜（ 25 ）%
	4	賃金締切日（ 末日　　）
	5	賃金支払日（ 翌月10日　　）
	6	賃金の支払方法（　指定口座への振込　　　　　）
	7	労使協定に基づく賃金支払時の控除（　無　）
	8	昇給（ 有　毎年4月 ）
	9	賞与（ 有　7月、12月 ）
	10	退職金（ 有　建設退職共済制度 ）
退職に関する事項	1	定年制　　（ 有　60歳 ）
	2	継続雇用制度（ 有　65歳まで ）
	3	創業支援等措置（ 有　70歳まで業務委託 ）
	4	自己都合退職の手続（退職する30日以上前に届け出ること）
	5	解雇の事由及び手続（就業規則第○条の規定の通り）
		○詳細は、就業規則第○条～第○条、第○条～第○条
その他		・社会保険の加入状況（ 厚生年金　健康保険 ）
		・雇用保険の適用（ 有 ）
		・建設退職共済制度に加入
		（加入している　,　　加入していない）
		・企業年金制度（ 有（制度名　　　　　　　）, ⓧ無 ）
		・寝具貸与　有（有料（　　　円）・無料）・ⓧ無
		・食費（1日　300円負担あり）
		・雇用管理の改善等に関する事項に係る相談窓口※有期・短時間労働者のみ
		部署名　　　　　担当者職氏名　　　　　　（連絡先　　　　　　）
		・その他（　　　　　　　　　　　　　　　）

以上のほかは、当社就業規則による。就業規則を確認できる場所や方法（　本社・支店の書庫　　）

※ ここに明示された労働条件が、入職後事実と相違することが判明した場合に、あなたが本契約を解除し、14日以内に帰郷するときは、必要な旅費を支給する。

※ 本通知書の交付は、労働基準法第15条に基づく労働条件の明示、建設労働者の雇用の改善等に関する法律第7条に基づく雇用に関する文書の交付及び短時間労働者及び有期雇用労働者の雇用管理の改善等に関する法律（パートタイム・有期雇用労働法）第6条に基づく文書の交付を兼ねるものである。

※ 労働条件通知書については、労使間の紛争の未然防止のため、保存しておくことをお勧めします。

当該労働条件通知書について説明を受け、内容について同意しました。
20XX年 ○月 ○日

　　　　　　　　　　　　　　署名＿＿＿＿＿＿＿＿＿＿＿　印

労働条件通知書(建設労働者用;日雇型) ※厚労省モデル様式に一部追加

労働条件通知書

〇〇〇〇 年 〇 月 〇 日

乙野 治郎 殿

事業主の氏名又は名称　〇〇建設株式会社
事業場名称・所在地　東京都〇〇区〇〇
〔建設業許可番号　国土交通大臣許可　般00-00000号〕
使 用 者 職 氏 名　代表取締役〇〇〇〇
雇用管理責任者職氏名　管理部部長　〇〇〇〇

あなたを次の条件で雇い入れます。

就労日	〇〇〇〇年　〇〇　月　〇〇　日
就業の場所	東京都〇〇区〇〇
従事すべき業務の内容	外壁塗装工事業務
始業、終業の時刻、休憩時間、所定時間外労働の有無に関する事項	1　始業（ 8 時　　分） 終業（17 時　　分） 2　休憩時間（60）分 3　所定時間外労働の有無（ 有 ）
賃　　金	1　基本賃金　イ　時間給（　　　円）、ロ　日給（　　　　　円） 　　　　　　　ハ　出来高給（基本単価　〇〇 円、保障給　時給〇〇円×実労働時間 ） 　　　　　　　ニ　その他（　　　　　円） 2　諸手当の額又は計算方法 　　イ（　　手当　　　円　／計算方法：　　　　　　　　） 　　ロ（　　手当　　　円　／計算方法：　　　　　　　　） 3　所定時間外、休日又は深夜労働に対して支払われる割増賃金率 　　イ　所定時間外、法定超（125）％、所定超（100）％、 　　ロ　深夜（25）％ 4　賃金支払日（就業当日） 　　　（　　）－（就業当日・その他（　　　　　）） 5　賃金の支払方法（ 現金支給 ） 6　労使協定に基づく賃金支払時の控除（無）
そ　の　他	・社会保険の加入状況（ 無 ） ・雇用保険の適用（ 無 ） ・ 建設退職共済制度に加入 ・寝具貸与　無 ・食費（1日　300 円） ・その他（　　　　　　　　　　　　　　　）

※　以上のほかは、当社就業規則による。 就業規則を確認できる場所（現場事務所）
※　ここに明示された労働条件が、入職後事実と相違することが判明した場合に、あなたが本契約を解除し、14日以内に帰郷するときは、必要な旅費を支給する。
※　本通知書の交付は、労働基準法第15条に基づく労働条件の明示及び建設労働者の雇用の改善等に関する法律第7条に基づく雇用に関する文書の交付を兼ねるものである。
※　労働条件通知書については、労使間の紛争の未然防止のため、保存しておくことをお勧めします。

当該労働条件通知書について説明を受け、内容について同意しました。
20XX年　〇月　〇日

署名　　　　　　　　　　　　　　　　　印

132

2 ┃ 求人票に記載の賃金額

　従業員を募集するときには、求人広告や求人票に賃金見込額その他の労働条件を記載します。例えば、賃金はあくまで見込み額ではありますが、求職者にとって最も重要な労働条件の１つであり、誇大な表現や金額は許されません。ちなみに、賃金の記載にあたっては「労働契約締結後初めて支払われる賃金の決定、計算及び支払いの方法並びに賃金の締切り及び支払時期であること」（平 11.3.31 基発 168 号）とされています。

　求人票等の募集条件と入社後の実際の条件が異なることがある場合は、面接段階等応募者が入社の諾否を決定する前に、その理由を含めて提示しなければなりません（職業安定法５条の３）。

　また、令和６年４月より、募集時の明示事項にも労働条件明示と同じく「従事すべき業務の変更の範囲」「就業の場所の変更の範囲」「有期労働契約を更新する場合の基準に関する事項」が追加されました。

3 ┃ 季節的雇用など有期契約の場合の注意点

① 契約期間の長さ

　季節的雇用など有期契約の場合、契約期間を必ず労働条件通知書等に記載します。契約期間の上限は原則３年です。下限に決まりはありませんが、「必要以上に短い期間を定めることにより、その有期労働契約を反復して更新することのないよう配慮しなければならない」（労契法 17条）という配慮規定があります。

② 更新手続

　契約更新の有無、更新の判断基準、更新上限の有無と内容、無期転換に関する内容についても記載する必要があります。

「更新する」「更新する場合があり得る」「更新しない」など、その実情に応じて明示します。

▌契約更新に関する明示

> 「更新する」……必ず契約更新する場合
> 「更新しない」……契約期間の最終日が契約終了日
> 「更新する場合があり得る」……この場合は、「契約期間満了時の
> 　業務量、勤務成績・態度、能力、会社の経営状況、従事してい
> 　る業務の進捗状況」など更新する場合の判断基準を記載

　工期が決定している、または季節的雇用で契約期間が決定している場合などは、当該決定している期間を記入し、「更新しない」となります。
　なお、有期契約が通算5年以上反復更新されると、従業員の申出により無期契約へ転換します。この場合、新たに契約条件を設定しない限り契約期間以外の労働条件はそのまま引き継がれることになります。
　また、契約期間途中の解雇は、やむを得ない事由がない限りできません（労契法17条）。やむを得ない事由の立証責任は会社側にあり、通常の解雇以上に厳格に判断されることに注意が必要です。

4 代表的な裁判例

① 日新火災海上保険事件 （東京高判平12.4.19労判787号35頁）

…会社が中途入社者に対し採用時に給与規程に関し実際の運用基準と異なる説明をしたことを不法行為として慰謝料の支払いを命じた例

「被控訴人（会社・筆者注）は、計画的中途採用を推進するに当たり、

内部的には運用基準により中途採用者の初任給を新卒同年次定期採用者の現実の格付のうち下限の格付により定めることを決定していたのにかかわらず、計画的中途採用による有為の人材の獲得のため、控訴人ら応募者に対してそのことを明示せず、（中略）求人広告並びに面接及び社内説明会における説明において、給与条件につき新卒同年次定期採用者と差別しないとの趣旨の、応募者をしてその平均的給与と同等の給与待遇を受けることができるものと信じさせかねない説明をし、そのため控訴人（中途入社者・筆者注）は、そのような給与待遇を受けるものと信じて被控訴人に入社したものであり、そして、入社1年余を経た後にその給与が新卒同年次定期採用者の下限に位置づけられていることを知って精神的な衝撃を受けたものと認められる。かかる被控訴人の求人に当たっての説明は、労働基準法15条1項に規定するところに違反するものというべきであり、そして、雇用契約締結に至る過程における信義誠実の原則に反するものであって、これに基づいて精神的損害を被るに至った者に対する不法行為を構成するものと評価すべきである。」

> **【裁判例による実務上のポイント】**
> ①　求人票の賃金見込み額は、確定的な賃金額として契約したものではないとはいえ、実際に契約する際は、原則として下げてはいけないこと。
> ②　やむを得ず下げた場合は、その理由を求職者の入社意思決定前までに説明する必要がある。説明しなかった場合、信義則に反し、不法行為として損害賠償請求されることもあり得ること。

② プレミアライン（仮処分）事件
（宇都宮地栃木支決平21.4.28労判982－5）

…派遣先との派遣契約を中途解除された場合も派遣労働者と派遣元Ｙ社との労働契約は当然に終了するわけではなく、派遣元Ｙ社は派遣労働者を期間途中で解雇することはできないとした例

> ⋯⋯⋯【裁判例による実務上のポイント】
> 　有期契約の場合、期間途中で解雇するにはやむを得ない事由が必要（労契法17条1項）であり、派遣先からの派遣契約解除はやむを得ない事由といえないとの判断。したがって、建設業において請け負った事業が中途解約される事態があったとしても、その業務に従事する有期契約社員をそれだけを理由に契約期間途中で解雇することは、解雇無効となる可能性が高いこと。

｜コラム⑥｜　労働契約書や就業規則

　労使関係トラブルとなったとき、解決の指針となるのが労働契約書や就業規則です。

　労使紛争になった場合、会社側は裁判所に対して就業規則等を提出するケースも多いでしょう。

　特に、労働審判では事業主と個々の労働者との間の労使関係に関するトラブルを、その実情に即し、迅速、適正かつ実効的に解決することを目的としており、裁判所は当事者双方に関連書類をできる限り早期に提出するよう促します。建設会社も例外ではありません。

　例えば、岡山地方裁判所第三民事部労働審判係は、裁判所のホームページにて労働審判事件において基本となる証拠書類の例を掲げ、当事者双方に提出の検討を促しています。

　例えば、「未払賃金」事件については、

> □雇用契約書　□労働条件通知書　□給料明細　□就業規則（賃金規定）　□給料振込がされた預金通帳　□求人票、求人カード　□賃金台帳　□出勤簿　□タイムカード□懲戒処分通告書　□就業規則（懲戒規定）　□労働協約□就業規則変更手続の履践についての証拠（労働基準監督署の届出受領印、従業員代表の意見聴取書、周知の手続の際の回覧簿ないし同意書等）

などの書類が掲げられています。

　代理人として労働審判事件に関与すると裁判所書記官からこれら書類を速やかに提出するように求められます。

　通常、会社が保有しているはずの書類が存在しないという場合は、事案によっては会社が窮地に立たされることもあります。

7 | 退職金

　退職金制度には、自社積立方式、中小企業退職金共済（中退共）、特定退職金共済（特退共）、厚生年金基金、確定給付年金、確定拠出年金などがありますが、いずれも功労報奨、老後保障、賃金の後払いといった意義があるとされています。経営戦略的な面から見ると、従業員定着率の向上、従業員のモチベーションアップへの影響、他社との差別化などが考えられます。

　ちなみに、厚労省の調査では、従業員30〜99人企業で70.1％、100〜299人企業で84.7％がなんらかの退職時給付金制度を設けています（厚労省「令和5年就労条件総合調査」）。

　建設業とりわけ中小建設業においては、退職金制度はないのが当然とされてきました。このことが若者の入職が増えない1つの原因とされていることから国交省は、「働き方改革」の一環として退職金制度の一手法である建設業退職金共済（建退共）への加入を推奨しています（※1）。

　建退共の特色は、①国の制度で安全確実、簡単、②労働者が会社を変わっても加入期間を通算、③国が掛金の一部を負担、④事業主負担の掛金は損金扱い、⑤経営事項審査で加点等とされています。

　加入手続は、原則として事業主が建退共都道府県支部へ申し込むことにより行います（公共工事の場合は発注者の指示に従うことになります）。具体的には、共済証紙（令和3年10月1日以降1枚320円）を購入し、労働者の共済手帳に働いた日数に応じて証紙を貼り、労働者が建設業から引退したときに建退共から証紙枚数に応じた退職金が支払われるというもので、建設業界共通の制度となっています。

　共済証紙代の負担者は、①元請会社（公共事業の場合）、②労働者を

雇用している事業主、③労働者が個人で任意加入する場合は本人、④一人親方として働く場合は本人、のいずれかとされています（②で労働者を新規加入させたときは国の助成制度により 50 日分の証紙代が助成されます）。

　退職金の額は、共済手帳に貼付された共済証紙の枚数により算出されますが、掛金納付月数が 12 月以上 24 月未満の場合、退職金の額は掛金納付額の 3 ～ 5 割程度の額となります（※2）。

※1　「建設業退職金共済制度は（中略）国が創設した制度であり、建設業を営む事業主が、対象となる雇用者の共済手帳に、働いた日数に応じて、掛金となる共済証紙を貼り、当該雇用者が建設業で働くことをやめたときに、独立行政法人勤労者退職金共済機構・建設業退職金共済事業本部から退職金が支払われるものです。（中略）公共・民間工事を問わず、工事を請け負う全ての建設業者及び労働者について同制度への更なる加入等を促す観点から、ご留意いただくようお願いします」（国交省平 30．4．6 社援基発 0426 第 4 号）

※2　予定運用利回りは令和 3 年 10 月より 1.3％。金利動向等により変動することがある。

> **【実務上のポイント】**
> ①　退職金制度を導入する場合は、その意義、目的を考慮したうえで、労務管理上の位置付けを明確にしておくことが重要。
> ②　種類を問わず退職時給付金制度を就業規則に定めた場合は会社に支払義務が生じる。制度として明文化されていなくても慣例となっている場合は慣例が優先される。
> ③　建退共は一人親方でも適用を受けることができる。

8 | 年次有給休暇

　年次有給休暇については、従来の「労働者に法的に保障される権利」という概念に加えて、働き方改革関連法において平成31年4月1日より会社規模や業種にかかわらずすべての会社に、年5日の取得義務を課すという改正が行われたことに留意する必要があります。

　年次有給休暇取得率は、全業種平均56.6％に対し建設業は53.2％と若干低い水準です。平成30年の調査（建設業38.5％）からは、大きく進歩しました（厚労省令和3年就労条件総合調査）。

　働き方改革関連法が目指す「長時間労働の是正」のためにも今後は中小建設業においてもしっかりと対応していく必要があります。

　年次有給休暇の対象者には、契約社員、管理監督者等も含まれます。付与要件を確認し、取得に関するルールを定めますが、トラブルになりやすいのは、年次有給休暇の時季変更権と不利益取扱いです。実務上は、これらの点に加えて労基法改正による年5日の付与義務に注意が必要です。

1 | 年次有給休暇の取得理由

　年休を取得することやその理由については、数多くの裁判例によって、業務の正常な運営を妨げる場合を除いて、労働者の当然の権利（時季指定権の行使）とされています。会社が許可するかどうかという問題ではありませんので注意が必要です。ただし、実務的には従業員と会社との合意のもとに履行されるよう普段から話し合っておくことが望ましいといえます。

2 ┃ 有給休暇の年次日数

　勤続期間において所定労働日数の8割以上出勤した場合には下記の日数が従業員の権利として発生します。

有給の付与日数

勤続期間	6カ月	1年6カ月	2年6カ月	3年6カ月	4年6カ月	5年6カ月	6年6カ月以上
付与日数	10日	11日	12日	14日	16日	18日	20日

　なお、週所定労働時間30時間未満であり、かつ、週所定労働日数が4日以下または年間所定労働日数が216日以下の場合は、比例付与による日数となります。

3 ┃ 平成31年4月から義務化された年5日の付与義務

①　対象者

　年次有給休暇が10日以上付与される従業員

---

a）　パートタイマー、契約社員、管理監督者も含みます。

b）　比例付与されるパートタイマーも、勤続年数により年10日以上付与される場合は、対象となります。

c）　10日には前年度からの繰越分は含みません。

---

② 付与日数

付与日（基準日）から１年以内に５日

③ 取得日の決定

a) 従業員自らの請求・取得
従業員自ら請求し取得した日数は、５日に含めることができます。例えば、従業員が自らの都合で３日取得していた場合は、会社の時季指定は２日です。
b) 使用者による時季指定
会社は従業員の意見を聴き、その希望に沿った時季に取得できるよう努めなければなりません。
c) 計画年休の日は５日に含めることができます。

④ 就業規則への記載

時季指定の対象となる労働者の範囲および時季指定の方法等については、就業規則に記載する必要があります。

4 労使協定による計画年休

年度始めに労使協定によりあらかじめ年休日を指定するものです。
例えば、従業員の年休希望が集中するお盆や年末年始の前後、あるいは出勤日となっている土曜日などを年休日とするなどが考えられます。ただし、従来休みであった特別休暇を新たに計画年休日とすることはできません。なお、この計画年休制度には次の注意点があります。

① 計画年休の日数

付与日数のうち最低5日間は従業員が自由に取得できる日数として残す必要があります。

(例) 付与日数10日の従業員：計画年休は5日まで可能

付与日数20日の従業員： 〃 15日まで可能

② 就業規則の規定と労使協定の締結

計画年休制度を導入するには、就業規則にその旨を規定し、労使協定を締結する必要があります。

③ 計画年休は、事業所単位なども可能

事業所ごとに繁閑差がある会社では事業所単位で指定することもできます。また、アニバーサリー休暇など従業員固有の事由による個々の日を指定することも可能です。

④ 指定日は労使とも拘束

指定日は労使とも拘束されます。変更する場合は労使協定の変更手続が必要です。

5 | 有休管理簿の作成と保存義務

労基法改正により平成31年4月から年次有給休暇管理簿の作成と3年間の保存が義務付けられました。なお、この有休管理簿を利用して、従業員ごとに年休取得日の年間計画をあらかじめ指定する方法があります。

個人別 年次有給休暇 （生理休暇　欠　勤／特別休暇　遅刻・早退）管理簿

年 度		基準月

入社日 基準日	年 月 日 / 年 月 日	所属	部	課	係	生年 月日	・ ・（ 歳）	男・女	氏名 ふりがな	No.

日 \ 月	月	月	月	月	月	月	日 \ 月	月	月	月	月	月	月
1							1						
2							2						
3							3						
4							4						
5							5						
6							6						
7							7						
8							8						
9							9						
10							10						
11							11						
12							12						
13							13						
14							14						
15							15						
16							16						
17							17						
18							18						
19							19						
20							20						
21							21						
22							22						
23							23						
24							24						
25							25						
26							26						
27							27						
28							28						
29							29						
30							30						
31							31						

休暇月別計　有・生・特・欠・遅・早

有給休暇　前年繰越日数　本年分付与日数　休暇合計　使用日数計　繰越日数

他休暇　生理休暇合計　特別休暇合計　欠勤日数合計　遅刻日数合計　早退日数合計

〈記入記号〉　【有】年次有給休暇取得日　【○】計画的年休付与予定日（計画的年休付与予定日に実際に取得した場合は○の中に【有】と記入してください）
【／】土日祝、会社所定休日　【生】生理休暇　【特】特別休暇　【欠】欠勤　【遅】遅刻　【早】早退

※この様式は年次有給休暇を与えた期間中及び当該期間の満了後三年間保存しておく必要があります。

日本法令 労務7-4 2019.03

6　年次有給休暇に対する時季変更権

年次有給休暇は従業員の権利であり、原則として従業員が指定する日に取得することができますが、「事業の正常な運営を妨げる場合」に限り、会社は別の日に変更することができます（時季変更権）。この「事業の正常な運営を妨げる場合」について行政解釈では「個別的、具体的、客観的に判断されるべきものであると共に、事由消滅後能う限り速やかに休暇を与えなければならない」（昭和 23. 7. 27 基収 2622 号）とされています。

時季変更権を行使する際は、次の点に注意が必要です。

①　年休の取得目的による時季変更権の行使はできない

年休の取得目的は従業員の自由であり、取得目的によって時季変更権を行使するかを判断することはできません。林野庁白石営林署事件（最二小判昭 48. 3. 2 労判 171 号 10 頁）では、「年次休暇の利用目的は労基法の関知しないところであり、休暇をどのように利用するかは、使用者の干渉を許さない労働者の自由である。」と判示されています。

②　事業の正常な運営を妨げるかどうかの判断基準

当該判断基準としては、ａ）事業規模、ｂ）担当する作業の内容、ｃ）作業の繁閑、ｄ）代行者の配置の難易、ｅ）労働慣行等諸般の事情等、を考慮して客観的に判断すべきとされています（電電公社此花電報電話局事件最一小判昭 57. 3. 18 労判 381 号 20 頁）。

③　長期間の年休申出

長期間の年休取得の申出の場合、代替要員確保の困難性が増し、事業の正常な運営を妨げる要因になり得るため、時季変更権行使の余地が増すとされています。会社の対応としては請求期間の一部を認める、

または分割して認める方法があります。

④ 退職時の年休申出

退職時に従業員が未消化の年次有給休暇をまとめて取得したい旨申し出た場合、業務遂行に支障をきたすことがありますが、事実上変更できる時季がない場合は変更権を行使できず、申出は拒否できないこととなります。

7 年次有給休暇の不利益取扱いは禁止

年次有給休暇の申出をしたり、取得したりしたことで、不利益取扱いをすることは、労基法136条および通達（昭63.1.1基発1号）において禁止されています。

例えば有給休暇を取得した際に、

① 欠勤として扱う

② 皆勤手当を支給しない

③ 賞与や査定において不利益に扱う

④ 有給休暇を取得しない者を賞与や査定で優遇する

などの取扱いはできません。

8 年次有給休暇取得時の賃金

年次有給休暇を取得した際の賃金は、次のいずれかがあり、就業規則等で定めます。

① 通常の賃金

② 平均賃金

③ 健康保険法の標準報酬日額

　①の通常の賃金とは、所定労働時間労働した場合に支払われる通常の賃金をいいますが、出来高払制その他の請負制による場合の計算方法は次の通りです。

賃金算定期間の賃金総額÷賃金算定期間における総労働時間数×1日の平均所定労働時間数

（例）最後の賃金が10日間で10万円、この期間の総労働時間数80時間、平均所定労働時間7時間だった場合

　　有休休暇1日当りの賃金＝10万円÷80時間×7時間＝8,750円

　年次有給休暇は、半日単位での取得ができ、労使協定を締結した場合は時間単位も可能です。なお、有休年次有給休暇を取得した日に、時間外労働をした場合の賃金の計算は、有給休暇を取得した時間については割増率は1.0です。

（例）午前中に4時間の半日有休。午後4時間勤務。さらに所定労働時間を超えて3時間時間外労働をした場合

　　時間外労働3時間分の賃金＝時間単価×3時間×1.0

---

9 ｜ 代表的な裁判例

① エス・ウント・エー事件 （最三小判平4.2.18労判609号12頁）

…年休権行使を欠勤として扱ったことにつき、不利益取扱いであるとした例

　「労働基準法（昭和62年法律第99号による改正前のもの。以下同じ。）39条1項にいう全労働日とは、一年の総暦日数のうち労働者が

労働契約上労働義務を課せられている日数をいうものと解すべきところ、（中略）上告会社の新就業規則に定める一般休暇日は労働者が労働義務を課せられていない日に当たり、したがって、同就業規則中、右の一般休暇日が全労働日に含まれるものとして年次有給休暇権の成立要件を定めている部分は同項に違反し無効であるとした原審の判断は、正当として是認することができる。」

　「使用者に対し年次有給休暇の期間について一定の賃金の支払を義務付けている労働基準法39条4項の規定の趣旨からすれば、使用者は、年次休暇の取得日の属する期間に対応する賞与の計算上この日を欠勤として扱うことはできないものと解するのが相当である。」

【裁判例による実務上のポイント】

① 年次有給休暇の出勤率を算定する際の全労働日は、労働義務を課している労働日の合計が該当すること。
② 年次有給休暇の取得の申出をしたり、取得したりしたことを不利益に扱う制度を作ることはできないこと。

---

② 電電公社此花電報電話局事件
（最一小判昭57.3.18労判381号20頁）

…事後に行われた年次有給休暇の時季変更権行使を適法とした例

　「使用者の時季変更権の行使が、労働者の指定した休暇期間が開始し、又は経過した後にされた場合であっても、労働者の休暇の請求自体がその指定した休暇期間の始期にきわめて接近してされたため使用者において時季変更権を行使するか否かを事前に判断する時間的余裕がなかったようなときには、それが事前にされなかったことのゆえに直ちに時季変更権の行使が不適法となるものではなく、客観的に右時季変更権を行使しうる事由が存し、かつ、その行使が遅滞なくされた

ものである場合には、適法な時季変更権の行使があったものとしてその効力を認めるのが相当である。」

なお、「原審は、その適法に確定した事実関係のもとにおいて、上告人らの本件各年次有給休暇の請求が就業規則等の定めに反し前々日の勤務終了時までにされなかったため、労働協約等の定めに照らし被上告人において代行者を配置することが困難となることが予想され、被上告人の事業の正常な運営に支障を生ずるおそれがあったところ、上告人らが就業規則等の規定どおりに請求しえなかった事情を説明するために休暇を必要とする事情をも明らかにするならば、被上告人の側において時季変更権の行使を差し控えることもありうるところであったのに、上告人らはその事由すら一切明らかにしなかったのであるから、結局事業の正常な運営に支障を生ずる場合にあたるものとして時季変更権を行使されたのはやむをえないことであると判断したものであって、所論のように、使用者が時季変更権を行使するか否かを判断するため労働者に対し休暇の利用目的を問いただすことを一般的に許容したもの、あるいはまた、労働者が休暇の利用目的を明らかにしないこと又はその明らかにした利用目的が相当でないことを使用者の時季変更権行使の理由としうることを一般的に認めたものでないことは、原判決の説示に照らし明らかである。」としている。

【裁判例による実務上のポイント】

① 時季変更権は、客観的に事業の正常な運営を妨げると判断できる場合のみ行使できること。

② 時季変更権を行使するかの判断のために、休暇の目的を問うことが認められる場合もあること。

9 | ハラスメント防止

　若年層や女性の入職促進・育成・定着促進は建設業界全体の大きな課題ですが、今後、若年層や女性の入職を促進していくためにもハラスメント防止の徹底が不可欠です。

　建設現場では、就労環境、人間関係とも伝統的に職人気質の徒弟関係や男性中心の考え方が根強く、セクシュアルハラスメント（セクハラ）やパワーハラスメント（パワハラ）が起きやすい環境があります。

　セクハラは雇用の分野における男女の均等な機会及び待遇の確保等に関する法律（以下、「均等法」という）11条により、会社に対し防止と苦情処理のための雇用管理上の措置を事業主に義務付けています。パワハラについても、労働施策の総合的な推進並びに労働者の雇用の安定及び職業生活の充実等に関する法律（以下、「労働施策総合推進法」という）において会社に対する防止措置義務が令和2年6月より施行（中小企業は令和4年4月より施行）されています。

　職場における各種ハラスメントは、職場秩序の乱れや、従業員の能力発揮を阻害するばかりでなく、会社の社会的評価に悪影響を与えかねません。ハラスメント防止対策は働きやすい環境づくりとともに、生産性向上による会社利益の増加にもつながるものです。

1 | セクシュアルハラスメント（セクハラ）

　セクハラの状況はさまざまですが、「労働者の意に反する性的な言動」「就業環境を害されること」についての判断にあたっては、労働者の主観を重視しつつも、事業主に課せられた防止措置義務の対象となることを考えると一定の客観性も必要である、とされています。

　セクハラの背景には、「男らしい」「女らしい」といった固定的な性別役割分担意識があります。会社は日頃より、管理者をはじめ従業員の言動に気を配る必要があります。

　均等法では「事業主が職場における性的言動に起因する問題に関して雇用管理上講ずべき措置についての指針」（平18年厚労告示615号）において、会社に対し以下の防止措置義務を課しています。

セクハラ防止措置（義務）

> ①　事業主の方針を明確化し、管理監督者を含む従業員に周知啓発する
>
> ②　セクハラ行為者に厳正対処する旨の方針・対処内容を就業規則等に規定し、管理監督者を含む従業員に周知啓発する
>
> ③　あらかじめ相談窓口を設ける
>
> ④　相談窓口担当者は適正に対応し、発生のおそれがある場合や職場におけるセクハラに該当するか否か微妙な場合も広く相談に対応する
>
> ⑤　事実関係を迅速かつ正確に確認する
>
> ⑥　事実確認できた場合、速やかに被害者へ配慮措置を行う
>
> ⑦　事実確認できた場合、行為者への措置を適正に行う
>
> ⑧　再発防止措置を講ずる（事実確認できなかった場合を含む）
>
> ⑨　相談者・行為者等のプライバシー保護措置を講じ周知する
>
> ⑩　相談したこと、事実関係の確認に協力したこと等を理由として不利益取扱いを行ってはならない旨を定め、周知啓発する

　これらの措置義務を果たさない場合、会社は裁判において民事上の責任を問われることがあります。また、セクハラ問題が発生した場合は、厚労大臣の行政指導（均等法29条）、会社名の公表（均等法30条）および都道府県労働局長による紛争解決の援助（均等法17条）の対象になります。

2 | パワーハラスメント（パワハラ）

パワハラについては、これまで法規制がありませんでしたが、令和元年5月29日、参議院でパワハラの定義、防止措置義務などを規定した労働施策総合推進法が成立し、令和2年6月（中小企業は令和4年4月）から施行されています。

┃ パワハラの定義

> 職場において、次の全ての要素を満たす行為をいいます。
> ① 優越的な関係を背景とした言動
> ② 業務上必要かつ相当な範囲を超えたもの
> ③ 労働者の就業環境が害されるもの

ハラスメント指針（事業主が職場における優越的な関係を背景とした言動に起因する問題に関して雇用管理上講ずべき措置等についての指針 令和2年厚労省告示第5号）においては、パワハラの6類型とそれぞれの該当すると考えられる例・該当しないと考えられる例が具体的に紹介されています。

なお、客観的にみて、業務上必要かつ相当な範囲で行われる適正な業務指示や指導については該当しない、と明言しています。管理者は不必要に臆することをせず、パワハラの定義や内容を理解し、適正な指示や指導、育成を行う必要があります。

また、事業主はパワハラ防止のための措置を講ずる必要があります。

なお、今回の法律制定では、パワハラ行為そのものに対する罰則規定は盛り込まれていませんが、パワハラに関連する訴訟は多数提訴されており、加害者（上司等）に対しては、被害者への身体・名誉感情・人格権を侵害するとした不法行為（民法709条）、会社に対しては安全配慮

パワハラの類型と該当例・不該当例

＜職場におけるパワハラに該当すると考えられる例／該当しないと考えられる例＞

以下は代表的な言動の類型、類型ごとに典型的に職場におけるパワハラに該当し、又は該当しないと考えられる例です。個別の事案の状況等によって判断が異なる場合もあり得ること、例は限定列挙ではないことに十分留意し、職場におけるパワハラに該当するか微妙なものも含め広く相談に対応するなど、適切な対応を行うことが必要です。　※　例は優越的な関係を背景として行われたものであることが前提

代表的な言動の類型	該当すると考えられる例	該当しないと考えられる例
(1) 身体的な攻撃 （暴行・傷害）	①　殴打、足蹴りを行う ②　相手に物を投げつける	①　誤ってぶつかる
(2) 精神的な攻撃 （脅迫・名誉棄損・侮辱・ひどい暴言）	①　人格を否定するような言動を行う。相手の性的指向・性自認に関する侮辱的な言動を含む。 ②　業務の遂行に関する必要以上に長時間にわたる厳しい叱責を繰り返し行う ③　他の労働者の面前における大声での威圧的な叱責を繰り返し行う ④　相手の能力を否定し、罵倒するような内容の電子メール等を当該相手を含む複数の労働者宛てに送信する	①　遅刻など社会的ルールを欠いた言動が見られ、再三注意してもそれが改善されない労働者に対して一定程度強く注意をする ②　その企業の業務の内容や性質等に照らして重大な問題行動を行った労働者に対して、一定程度強く注意をする
(3) 人間関係からの切り離し （隔離・仲間外し・無視）	①　自身の意に沿わない労働者に対して、仕事を外し、長期間にわたり、別室に隔離したり、自宅研修させたりする ②　一人の労働者に対して同僚が集団で無視をし、職場で孤立させる	①　新規に採用した労働者を育成するために短期間集中的に別室で研修等の教育を実施する ②　懲戒規定に基づき処分を受けた労働者に対し、通常の業務に復帰させるために、その前に、一時的に別室で必要な研修を受けさせる
(4) 過大な要求 （業務上明らかに不要なことや遂行不可能なことの強制・仕事の妨害）	①　長期間にわたる、肉体的苦痛を伴う過酷な環境下での勤務に直接関係のない作業を命ずる ②　新卒採用者に対し、必要な教育を行わないまま到底対応できないレベルの業績目標を課し、達成できなかったことに対し厳しく叱責する ③　労働者に業務とは関係のない私的な雑用の処理を強制的に行わせる	①　労働者を育成するために現状よりも少し高いレベルの業務を任せる ②　業務の繁忙期に、業務上の必要性から、当該業務の担当者に通常時よりも一定程度多い業務の処理を任せる
(5) 過小な要求 （業務上の合理性なく能力や経験とかけ離れた程度の低い仕事を命じることや仕事を与えないこと）	①　管理職である労働者を退職させるため、誰でも遂行可能な業務を行わせる ②　気にいらない労働者に対して嫌がらせのために仕事を与えない	①　労働者の能力に応じて、一定程度業務内容や業務量を軽減する
(6) 個の侵害 （私的なことに過度に立ち入ること） ★　プライバシー保護の観点から、機微な個人情報を暴露することのないよう、労働者に周知・啓発する等の措置を講じることが必要	①　労働者を職場外でも継続的に監視したり、私物の写真撮影をしたりする ②　労働者の性的指向・性自認や病歴、不妊治療等の機微な個人情報について、当該労働者の了解を得ずに他の労働者に暴露する	①　労働者への配慮を目的として、労働者の家族の状況についてヒアリングを行う ②　労働者の了解を得て、当該労働者の機微な個人情報（左記）について、必要な範囲で人事労務部門の担当者に伝達し、配慮を促す

出典：厚労省リーフレット「職場におけるパワーハラスメント対策」

事業主に義務付けられたパワハラ防止措置

① 事業主の方針等の明確化と周知・啓発
- ・パワハラをしない、させないという方針の周知啓発
- ・厳正に対処する旨の方針の周知啓発
- ・就業規則等への規定と周知啓発

② 相談に応じ、適切に対応するために必要な体制の整備
- ・相談窓口を設置し、周知すること
- ・相談窓口担当者が、相談内容や状況に応じ、適切に対応できるようにすること

③ 事後の迅速かつ適切な対応
- ・事実関係を迅速かつ正確に確認すること
- ・事実確認後、速やかに被害者に対する配慮のための措置を適正に行うこと
- ・事実確認後、行為者に対する措置を適正に行うこと
- ・再発防止策を講ずること

④ その他の措置
- ・相談者・行為者等のプライバシー保護のための必要な措置を講じ、その旨労働者に周知すること
- ・相談したこと等を理由として、不利益取扱いをしないこと

義務・職場環境配慮義務等の違反として不法行為責任や債務不履行責任が問われるケースが相次いでいます。また、パワハラを受けたことを理由とした精神疾患が労災認定されたケースでは会社の安全配慮義務違反が問われています。

3 | マタニティハラスメント（マタハラ）

　マタハラとは、「職場」において、上司・同僚からの「妊娠・出産したことや育児休業等の利用に関する言動」により、妊娠・出産した女性労働者や育児休業等を申出・取得した男女労働者の就業環境が害されることを言います（※）。

　育児と仕事の両立支援やイクメンという言葉の定着とともに、女性はもちろん男性の育児休業取得も少しずつ増えています。若者や女性の入職を促進しようとしている建設産業においてもマタハラ防止は重要な対策となっています。

　※　マタハラは、①制度利用に対する嫌がらせ型（制度利用の請求や利用を阻害する行為等）と②状態に対する嫌がらせ型（妊娠したことに対する嫌がらせ等）の2つのパターンがあります。

　平成26年の最高裁判決（広島中央保健生協事件）をきっかけに通達（平27.1.23雇児発0123第1号）が改正され、妊娠・出産、育児休業等を「契機として」なされた不利益取扱いは原則違法と解されます。この「契機として」は時間的に近接しているかで判断されますが、例外が2つ認められています。

例外①

　業務上の必要性から支障があるため当該不利益取扱いを行わざるを得ない場合において、その業務上の必要性の内容や程度が、法の規定の趣旨に実質的に反しないものと認められるほどに、当該不利益取扱いにより受ける影響の内容や程度を上回ると認められる特段の事情が存在するとき。

例1）事業主側の状況としては、債務超過や赤字の累積など不利益取扱いせざるを得ない事情があり、他部門への配置転換等不利益取扱いを回避する真摯かつ合理的な努力を行っている。

例2）労働者側に起因する事情としては、妊娠等事由の発生以前から能力不足等が問題になっており、改善機会を相当程度与えていたが、改善する見込みがみられない。

例外②

　前述の「契機」とした事由または当該取扱いにより受ける有利な影響が存在し、かつ、当該労働者が当該取扱いに同意している場合において、有利な影響の内容や程度が当該取扱いによる不利な影響の内容や程度を上回り、事業主から適切に説明がなされる等、一般的な労働者であれば同意するような合理的な理由が客観的に存在するとき。

例1）事業主から、書面の提示など理解しやすい形で適切な説明があり、労働者は十分に理解したうえで、当該取扱いに応じるかどうか決めることができた。

例2）「有利な影響」が、労働者の意向に沿って業務量が軽減される等、「不利な影響」を上回っている。

妊娠・出産・育児休業等を理由とする不利益取扱い

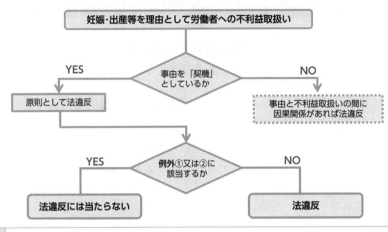

妊娠・出産等を理由として労働者への不利益取扱い

事由を「契機」としているか

YES → 原則として法違反

NO → 事由と不利益取扱いの間に因果関係があれば法違反

例外①又は②に該当するか

YES → **法違反には当たらない**

NO → **法違反**

例外①	○業務上の必要性から不利益取扱いをせざるをえず、 ○業務上の必要性が、当該不利益取扱いにより受ける影響を上回ると認められる特段の事情が存在するとき
例外②	○労働者が当該取扱いに同意している場合で、 ○有利な影響が不利な影響の内容や程度を上回り、事業主から適切に説明がなされる等、一般的な労働者なら同意するような合理的な理由が客観的に存在するとき

（厚生労働省「職場におけるセクシュアルハラスメント対策や妊娠・出産・育児休業・
介護休業等に関するハラスメント対策は事業主の義務です!!」パンフレットより）

　マタハラについても、セクハラと同じく防止措置が事業主に義務付けられています。また、マタハラ問題が発生した場合は、厚生労働大臣の行政指導、会社名の公表、民法上の不法行為などが問われることとなります。

4 代表的な裁判例

① 京都セクハラ（呉服会社）事件
（京都地判平9.4.17労判716号49頁）

…取締役のセクハラ行為につき、安全配慮義務違反を根拠に会社に債務不履行があるとした例

　使用者は、雇用契約に付随して、労働者のプライバシーが侵害されることのないように職場環境を整備する義務を負うとされた件につき、使用者の債務不履行責任が肯定された例

> 【裁判例による実務上のポイント】
> ①　セクハラが発生した際は、会社が直ちに対応し、事情聴取およびその対応をする。放置すると安全配慮義務違反を問われる可能性もあること。
> ②　日頃よりハラスメント教育を行い、相談窓口を設け、問題が大きくなる前に対応すること。

② 東建コーポレーション事件（名古屋地判平29.12.5労判ジャーナル72号25頁）

…上司からパワハラを受け、うつ病となり退職を余儀なくされたとして、元上司に不法行為に基づく損害賠償、会社に使用者責任または安全配慮義務違反の債務不履行責任に基づく損賠賠償を請求した案件について、元上司と会社に対し連帯支払請求を一部認容したもの

「XがY社に入社した時点において、Aには既に他の従業員に対す

る威圧的な言動が時にみられたところであるが、そのようなAに対する指導等が本件パワハラ行為以前にされた形跡はうかがわれないこと、AのXに対する本件パワハラ行為について、他の従業員が相談窓口に連絡した形跡もうかがわれず、抜き打ち調査等でも把握されなかったことなどに照らすと、Y社の前記措置は、実際には必ずしも奏功しているものではなく、実際にAの本件パワハラ行為が数箇月にわたって継続していたことからしても、Y社は、Aの選任、監督につき相当の注意をしたとはいえないものというべきであるから、Y社は、Xに対し、Aのした本件パワハラ行為について使用者責任を負い、Aと連帯して損害賠償義務を負う。」

……【裁判例による実務上のポイント】
① ハラスメントは当事者のみでなく会社も使用者責任または安全配慮義務違反の債務不履行責任に基づく損賠賠償を負うことがあること。
② ハラスメント対策は必須なものとして、「事業主に義務付けられたパワハラ防止措置」（154頁）に基づき防止措置を実施すること。

---

③ 広島中央保健生協事件
（最一小判平26.10.23労判1100号5頁）

…妊娠中の軽易な業務への転換を契機として降格させた事業主の措置について、均等法9条3項が禁止する不利益取扱いの趣旨および目的に実質的に反しないものとする特段の事情を認めることはできないとし、高裁へ差し戻した例（差戻審では175万円の支払いを事業主に命じた）

「一般に降格は労働者に不利な影響をもたらす処遇であるところ、

上記のような均等法1条及び2条の規定する同法の目的及び基本的理念やこれらに基づいて同法9条3項の規制が設けられた趣旨及び目的に照らせば、女性労働者につき妊娠中の軽易業務への転換を契機として降格させる事業主の措置は、原則として同項の禁止する取扱いに当たるものと解される。」

「本件については、被上告人において上告人につき降格の措置を執ることなく軽易業務への転換をさせることに業務上の必要性から支障があったか否か等は明らかではなく、本件措置により上告人における業務上の負担の軽減が図られたか否か等も明らかではない一方で、上告人が本件措置により受けた不利な影響の内容や程度は管理職の地位と手当等の喪失という重大なものである上、本件措置による降格は、軽易業務への転換期間の経過後も副主任への復帰を予定していないものといわざるを得ず、上告人の意向に反するものであったというべきであるから、本件措置については、被上告人における業務上の必要性の内容や程度、上告人における業務上の負担の軽減の内容や程度を基礎付ける事情の有無などの点が明らかにされない限り、均等法9条3項の趣旨及び目的に実質的に反しないものと認められる特段の事情の存在を認めることはできないものというべきである。」

> **【裁判例による実務上のポイント】**
> ① 妊娠、出産等を契機とした不利益変更は行わないこと。
> ② 業務上の必要性や本人同意がある場合も、不利益取扱いに該当する場合の「例外」（155頁）に照らして検討すること。

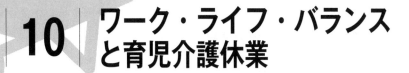

10 ワーク・ライフ・バランスと育児介護休業

　人手不足、労働者の高齢化を背景に、女性の活躍推進が注目されています。国交省は、「女性の定着促進に向けた建設産業行動計画〜働きつづけられる建設産業を目指して〜Plan for Diverse Construction Industry where no one is left behind」（令和2年1月16日）を策定公表し、日本建設業連合会も「けんせつ小町」という愛称で建設現場等で働く女性をアピールしています。経営事項審査においても令和5年1月1日改正でワーク・ライフ・バランスの取組みに関連する事項が追加されるなど、女性が働きやすい職場環境を整えることが中小建設業においても課題となります。

1 ワーク・ライフ・バランス

　ワーク・ライフ・バランスとは仕事と生活の調和をいいます。厚労省は、平成19年にワーク・ライフ・バランス憲章を策定し取り組んでいますが、その1つが女性活躍推進法における「えるぼし認定」や次世代育成法における「くるみん認定」です。

① 一般事業主行動計画

　次世代育成支援対策推進法において、従業員の仕事と子育ての両立を支援するための雇用環境の整備等にあたり、行動計画として「計画期間」「目標」「目標達成のための対策及びその実施時期」を定めます。従業員101人以上の企業においては、この策定・届出、公表・周知が義務付けられています。

100人以下の企業であっても、従業員の雇用環境改善のために両立支援の取組みは必要といえます。法律に先駆けて行動計画を策定実施することは重要です。

```
【行動計画策定のステップ】
　ステップ１：自社の現状や従業員のニーズを把握し、課題を整
　　　　　　　理する。（例：仕事と子育ての両立で苦労してい
　　　　　　　る点、労働時間の短縮や年次有給休暇の取得への
　　　　　　　希望）
　ステップ２：課題に優先順位をつけ、計画期間を定め、目標を
　　　　　　　設定する。（例：○年までに育休取得率を男性
　　　　　　　○％、女性△％とする）
　ステップ３：従業員へ周知し、取組みを実施する。
　　　　　　　101人以上の会社の場合、行動計画を公表し、
　　　　　　　労働局へ届出する。
```

②　えるぼし認定

　えるぼし認定は、女性活躍推進法に基づく認定です。一般事業主行動計画において、女性の管理職比率や勤務年数など主に女性の活躍推進に関する実施状況が優良であるとして、一定の基準を満たした場合に認定されます。一つ星・二つ星・三つ星・プラチナえるぼし、と４段階の区分があります。

③　くるみん認定

　くるみん認定は、次世代育成支援対策推進法に基づく認定です。えるぼしと同じく一般事業主行動計画において、仕事と子育ての両立等についての取組状況が一定の基準を満たす場合に認定されます。
　くるみん・トライくるみん・プラチナくるみんと、３段階の区分があ

り、「プラス」認定で、不妊治療と仕事との両立サポート企業であることをＰＲできます。

　えるぼしもくるみんも認定を受けると認定マークを名刺や商品、会社のホームページなどに掲載できます。企業イメージの向上や優秀な人材確保につながり、公共調達や経営事項審査の加点評価になるなどのメリットがあります。

　厚労省の「女性の活躍推進企業データベース」では、えるぼし・くるみんの取得状況など企業名が公表されています。学生はこれらのサイトで就活の情報集めもしており、中小建設業においては他社との差別化にも役立ちます。

行動計画の例

モデル計画 D：男女とも育児休業等が進んでいない会社

＿＿＿＿＿＿＿行動計画

　社員が仕事と子育てを両立させることができ、社員全員が働きやすい環境を作ることによって、すべての社員がその能力を十分に発揮できるようにするため、次のように行動計画を策定する。

1．計画期間　　　　　　年　　月　　日〜　　　　年　　月　　日までの　　年間
2．内容

> 目標1：育休取得予定者に「育休復帰支援プラン」を策定し、円滑な育休取得・職場
> 　　　　復帰をサポートする。

＜対策＞
- ●　　　年　　月〜　全社員に対し、「育休復帰支援プラン」や両立支援制度、育児休
　　　　　　　　　　　業給付、休業中の社会保険料免除などについて周知する
- ●　　　年　　月〜　育休取得予定者に「育休復帰支援プラン」策定開始

※参考・・・育休復帰支援プラン（厚労省 HP）
https://www.mhlw.go.jp/stf/seisakunitsuite/bunya/0000067027.html

> 目標2：育児休業等を取得しやすい環境作りのため、人事評価制度にワーク・ライフ・
> 　　　　バランスに関する評価項目を追加する。

＜対策＞
- ●　　　年　　月〜　評価項目・評価基準等の検討
- ●　　　年　　月〜　人事評価制度の改定について周知、評価者研修の実施
- ●　　　年度〜　　　新人事評価制度による評価実施

2 育児・介護休業法

　少子高齢化が進むなか、持続可能で安心できる社会のため、子育て・介護と仕事の両立を支援することが不可欠です。そうした国の方針のもと育児・介護休業法は、度重なる改正を得て、現在の制度に至っています。

① 育児休業

　原則として1歳に満たない子を養育する従業員、保育園が見つからない等一定の事情がある1歳6カ月または2歳までの子を養育する従業員が取得できます。

② 産後パパ育休（出生時育児休業）

　令和4年10月1日より新設されました。出生後8週間以内つまり母親の産後休業期間中に、父親である従業員が育児休業とは別に申請できる休業です。最大4週間、2回に分割して取得することも可能です。またこの制度の特徴として、労使協定により一定の就労が可能となっています。例えば、父親は産後パパ育休期間中の一時をテレワーク就労し、業務への影響を抑えながら育児参加する、などが考えられます。

③ 育児短時間勤務制度

　3歳に満たない子を養育する男女労働者に対し、所定労働時間を短縮して勤務する制度を設ける必要があります。

　時短については、1日6時間とする制度を必ず設けます。「1日6時間または労使の話合いで決定した時間」などと定めることが可能です。また、法律上は3歳までですが、最近の学童問題等を踏まえて小学校3年生までなど範囲を拡大する会社もあります。

　時短勤務中の賃金は、時間案分で決定することが多いかと思われます

が、不当に賃金を引き下げたり賞与を支給しないなど、不利益な取扱いは禁止されています。

④　介護休業

介護休業は、要介護状態にある対象家族を介護する男女労働者が対象で、最大93日間、最大3回まで分割して取得することができます。要介護状態とは、介護保険制度の要介護2以上である、または「常時介護を必要とする状態に関する判断基準」により判断します。

⑤　介護短時間勤務制度

要介護状態にある対象家族を介護する男女労働者は、3年間で2回以上時短勤務の申出ができます。

短縮時間や賃金については、育児短時間勤務制度と同じです。

⑥　子の看護休暇および介護休暇

子の看護休暇は、小学校就学前の子を養育する男女労働者に対し、年5日間（子が2人以上の場合10日間）までの休暇を付与するものです。

介護休暇は、対象家族の介護や世話をする男女労働者に対し、年5日間（対象家族が2人以上の場合10日間）までの休暇を付与するものです。

どちらも通常の年次有給休暇とは別に付与する必要がありますが、無給とすることも可能です。半日単位での休暇を付与することもできます。

①②④の休業期間中は無給ですが、雇用保険において休業給付金の制度があり、最初の6カ月間は賃金の約67%、その後の期間は50%が支給されます。給付金は非課税で、育児休業の場合は、社会保険料の免除制度もあります。育児休業給付金をさらに最大80%まで引き上げる案も検討されています。

政府は、男性の育児休業取得率について2025年度までに30%としていた目標を、25年度50%、30年度85%へと引き上げました。

　中小建設業においても、将来の労働力確保に向け、育児介護と仕事を両立できる働きやすい環境を整えていく必要があります。

……【実務上のポイント】

① 　中小建設業においても、女性の活躍推進や育児介護と仕事の両立支援に取り組む必要があること。

② 　取組みにあたっては、ステップを踏んで行動計画を策定・実施すること。

③ 　育児介護休業等の制度を整備し、従業員に周知し、両立しやすい環境を整えること。

---

11 | 外国人労働者

　外国人雇用状況の届出状況まとめ（厚労省令6.1.26）によると、令和4年10月末現在外国人労働者数は約205万人、そのうち建設業界で働く外国人は144,981人（全体の約7.1%）となっています。建設業界は建設技能労働者の高齢化や若者の業界離れなどにより深刻な人手不足が問題になっており、外国人労働者の人数・比率はともに増加傾向にあります。

1 | 建設業における外国人就労者

　建設業には現在、下記3種類の在留資格による外国人就労者がいます。この3種類のいずれにも該当していない場合はいわゆる不法就労者となり、不法就労者であることを知ったうえで雇用した事業主は不法就労助長罪に問われることがあります。

　雇入れにあたっては在留資格ごとに定められている要件や基準を確認したうえで雇用契約をすることになります。

① 合法的在留資格を有する就労者

　永住者、定住者、日本人の配偶者、永住者の配偶者等で、永住者以外は在留期間に制限がありますが、雇用条件については日本人とまったく同様にすることが求められています。

　この在留資格者の労務管理上の留意点については厚労省のリーフレット「外国人雇用はルールを守って適正に」を確認しておくことが必須です。

　なお、この就労者の特例として資格外活動許可を得て週28時間以内まで働くことが認められた留学生や家族滞在者のアルバイト等があります。

②　技能実習制度による就労者

　外国人技能実習制度は、国際貢献を目的としており、18歳以上の外国人を日本に受け入れ、人材育成を通じて開発途上地域等への技術等移転を行うもので、労働力不足を補うものではありません。あくまでも技術等移転の「手段」という位置付けです。しかし、近年、「労働力」扱いにした例や監理費に該当しない金銭の授受、技能実習生を過酷な労働環境で働かせるなど一部の悪質な監理団体・会社の存在が明らかになり、技能実習適正化法が平成29年11月より施行されています。

　令和2年1月からは、受入れ会社、実習生とも建設キャリアアップシステムへの登録、実習生への給与支払方法は月給制かつ金融機関口座への振込みがいずれも義務化されています。

　なお、平成31年4月から導入された特定技能による就労者制度に関連して、建設業を含む一定の職種において、技能実習2号修了者は母国へ帰国することなく特定技能1号へ移行できる措置が取られています。

③　育成就労制度（仮称）

　令和5年11月30日、「技能実習制度及び特定技能制度の在り方に関する有識者会議」の最終報告において、新たな制度及び特定技能制度の位置付けと両制度の関係性等10項目の提言がまとめられました。当該報告書を受け、従来の技能実習制度1号から3号は廃止となり、新たに「育成就労制度」（仮称）が創設される見込みです。この制度は、人材確保と人材育成を目的とし、一定の要件のもと転籍も可能になるなど、外国人労働者の人権にも配慮した内容や監理団体・受入機関の運用要件を厳格化・適正化するなどが検討されています。

表 1　建設分野に携わる外国人数

	2019	2020	2021	2022	2023（※）
全産業	1,658,804	1,724,328	1,727,221	1,822,725	2,048,675
建設業	93,214	110,898	110,018	116,789	144,981
技能実習生	64,924	76,567	70,488	70,489	88,830
特定技能外国人	267	2,116	6,360	12,776	12,333

※2023年10月末時点

出典：特定技能外国人は入管庁調べ、その他は「外国人雇用状況」の届出状況（厚生労働省）
　　　特定技能外国人の（）内の数は2号特定技能外国人数

出典：国土交通省『建設分野における外国人材の受入れ』

（注）　「建設業」の人数には「技能実習生」「特定技能外国人」以外の資格
　　　による外国人を含む。

表 2　職種・作業別　在留資格「技能実習」に係る在留者数

建設関係（22職種33作業）(78,343人)(令和5年6月時点)　　　　　(人)

職種名	作業名	在留者数
さく井	パーカッション式さく井工事	81
（382人）	ロータリー式さく井工事	301
建築板金	ダクト板金	835
（1,919人）	内外装板金	1,084
冷凍空気調和機器施工　（736人）	冷凍空気調和機器施工	736
建具製作　（261人）	木製建具手加工	261
建築大工　（3,837人）	大工工事	3,837
型枠施工　（9,366人）	型枠工事	9,366
鉄筋施工　（8,825人）	鉄筋組立て	8,825
と　び　（22,254人）	とび	22,254
石材施工	石材加工	217
（424人）	石張り	207
タイル張り　（793人）	タイル張り	793
かわらぶき　（434人）	かわらぶき	434
左　官　（2,726人）	左官	2,726
配　管	建築配管	2,426
（3,050人）	プラント配管	624
熱絶縁施工　（1,145人）	保温保冷工事	1,145
内装仕上げ施工	プラスチック系床仕上げ工事	376
（4,213人）	カーペット系床仕上げ工事	142
	鋼製下地工事	568
	ボード仕上げ工事	2,424
	カーテン工事	703
サッシ施工　（452人）	ビル用サッシ施工	452
防水施工　（3,065人）	シーリング防水工事	3,065
コンクリート圧送施工　（759人）	コンクリート圧送工事	759
ウェルポイント施工　（47人）	ウェルポイント工事	47
表　装　（612人）	壁装	612
建設機械施工●	押土・整地	355
（12,808人）	積込み	694
	掘削	8,495
	締固め	3,264
築　炉　（235人）	築炉	235

（注1）　外国人技能実習機構では毎年度、実習実態の実地検査を行っています。令和4年度には技能実習法違反が監理団体で検査団体中 56.7%、実習実施者（実習生受入事業所）で検査実施者中 40.2% あったとしており、悪質事案については行政処分として許可取消し（監理団体）、実習認定計画取消し（実習実施者）等が行われたとしています。

出典：法務省

技能実習計画の認定、技能実習生の受入れフロー（団体監理型）

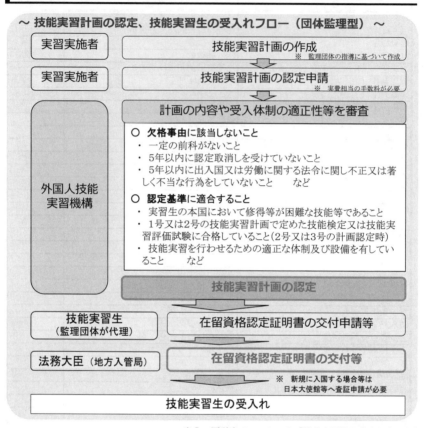

出典：厚労省リーフレット「技能実習法が成立しました」

④ 特定技能制度

　特定技能制度とは、平成 31 年 4 月 1 日施行の改正入国管理法において、新たに追加された在留資格による外国人就労制度です。令和 5 年10 月現在 22,309 人が建設業に携わっており、うち 26 人が新たな資格である「特定技能 2 号」として認定されています。

特定技能制度のイメージ

○ 特定技能1号となるには、**試験合格ルートと技能実習等からの切替ルートの2パターン**存在。
○ **特定技能2号は、在留期間の更新上限がなく、家族帯同も可能な在留資格**であり、班長として一定の実務経験等が必要。

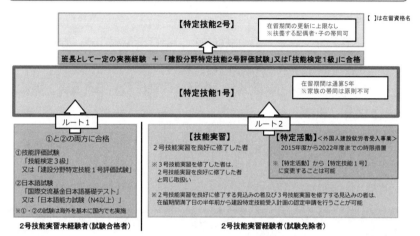

出典：国土交通省「建設分野における外国人材の受入れ」

　業務区分については、従来「建設板金」「建築大工」など19区分に細分化され、業務範囲が限定的で不満の声もあった状態を、令和4年8月30日の閣議決定における見直しにより、建設業に係るすべての作業を新たな3区分に統合することとなりました。

> 1. 土木区分：コンクリート圧送、とび、建設機械施工、塗装 等
> 2. 建築区分：建築大工、鉄筋施行、とび、屋根ふき、左官、内装仕上げ、塗装、防水施行　等
> 3. ライフライン・設備区分：配管、保温保冷、電気通信、電気工事　等

※作業の性質をもとにしており、複数の区分に該当する業務がある。

2 就労資格

　外国人は、入国時の在留資格により活動内容と在留期間が決定されます。就労資格のない者を雇用した場合、入管法（73条の2第1項）により、外国人本人だけでなく雇用した事業主も不法就労助長罪として3年以下の懲役または300万円以下の罰金が科され（もしくは併科され）ます（実際に毎年、一定数の事業主が適用されています）。

　外国人を雇用する際は、在留カードで就労資格等を必ず確認します。なお、日本滞在の外国人は、勤務先や居住地等を変更した場合、その都度出入国在留管理庁に届出することが義務付けられています。前職から転職する外国人の場合、この届出を行っているかの確認も必要です。

在留カードの主な記載内容

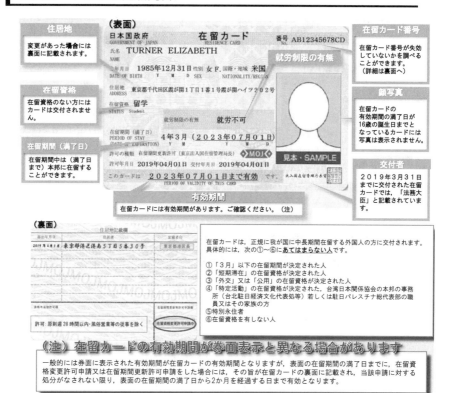

住居地
変更があった**場合**には
裏面に記載されます。

在留資格
在留資格のない方には
カードは交付されませ
ん。

在留期間（満了日）
在留期間中は（満了日
まで）本邦に在留する
ことができます。

在留カード番号
在留カード番号が失効
していないかを調べる
ことができます。
（詳細は裏面へ）

顔写真
在留カードの
有効期間の満了日が
16歳の誕生日までと
なっているカードには
写真は表示されません。

交付者
2019年3月31日
までに交付された在留
カードでは、「法務大
臣」と記載されていま
す。

有効期間
在留カードには有効期間があります。ご確認ください。（注）

在留カードは，正規に我が国に中長期間在留する外国人の方に交付されます。
具体的には，次の①〜⑥に**あてはまらない人**です。

①「3月」以下の在留期間が決定された人
②「短期滞在」の在留資格が決定された人
③「外交」又は「公用」の在留資格が決定された人
④「特定活動」の在留資格が決定された，台湾日本関係協会の本邦の事務
　所（台北駐日経済文化代表処等）若しくは駐日パレスチナ総代表部の職
　員又はその家族の方
⑤特別永住者
⑥在留資格を有しない人

（注）在留カードの有効期間が券面表示と異なる場合があります

一般的には券面に表示された有効期間が在留カードの有効期間となりますが，表面の在留期間の満了日までに，在留資
格変更許可申請又は在留期間更新許可申請をした場合には，その旨が在留カードの裏面に記載され，当該申請に対する
処分がなされない限り，表面の在留期間の満了日から2か月を経過する日まで有効となります。

出入国在留管理庁（「「在留カード」及び「特別永住者証明書」の見方」）

※詳細は「在留カード」および「特別永住者証明書の見方」で検索してく
ださい。

3　労働条件の明示

　労働条件の明示項目は日本人と同じです。特に賃金については、支給
額の明細だけではなく、割増賃金の計算および控除の理由と額（税金、
労働社会保険料、住居費等）を明確にしておくことが重要です（給与を

巡るトラブルで最も多いのが割増賃金と各種控除です。特に公租公課については給与額に応じて変動することの説明が重要です）。

　労働契約書や労働条件通知書については必ず母国語も併記したものを使います。最近は英語や中国語、ベトナム語など様々な言語の雛型が、厚労省や出入国在留管理庁サイトからダウンロードできるようになっています。

☞　厚生労働省：「外国人労働者向けモデル労働条件通知書（R3/ 3）」

☞　出入国在留管理庁：特定技能制度の「在留資格「特定技能」に関する参考様式（新様式）」内　「参考様式第１－５号 特定技能雇用契約書」「参考様式第１－６号　雇用条件書」

☞　巻末資料　ベトナム語労働条件通知書（346 頁）。

4 ｜ 労働・社会保険

　外国人であっても加入要件は日本人と同じです。要件を満たす場合は加入義務となりますので雇用契約締結時に明確に説明しておくことが重要です。特に、保険料の本人負担がある社会保険（厚生年金・健康保険）、雇用保険については制度の仕組み（短期滞在後に母国へ帰国した場合、社会保険料の脱退一時金制度があることも含めて）を説明することが重要です。

　なお、労働施策の総合的な推進並びに労働者の雇用の安定及び職業生活の充実等に関する法律（旧雇用対策法）により、外国人を雇い入れた事業主には、雇用保険加入の有無にかかわらず雇入時と離職時にハローワークへ、「雇入れ・離職に係る外国人雇用状況届出書」（様式第３号）により氏名、在留資格、在留カード番号などを届け出ることが義務付けられています。雇用保険に加入する場合は資格取得届の所定欄に記載することで届出となります。

5 その他の留意事項

　上記の注意事項のほか、全般的留意事項については「外国人労働者の雇用管理の改善に関して事業主が適切に対処するための指針」（平成31.3.29厚生労働省告示106号）に沿って対応することになります。

　現に外国人を雇用している場合はもちろん、今後、雇用を検討している場合は必ず一読しておく必要があります。

6 代表的な裁判例

① ナルコ事件
（名古屋地判平25.2.7労判1070号38頁）

…中国人研修生が自動車部品工場で負った右示指切断事故につき会社に安全配慮義務違反等に係る損害賠償を命令した例

　中国人研修生Xが会社Yの自動車部品工場で作業中、右示指切断事故を負ったことにつき、Xが、①Xに安全装置不備の機械を使用させた安全配慮義務違反（不法行為）、②Xを研修生として扱わず労働者として深夜労働を含む残業にも従事させ、最低賃金以下の割増賃金しか支払わなかった不法行為、③住居費を日本人社員よりも1万円多く控除していた不法行為を主張し損害賠償を求めた。

　判決は①についてXの過失割合を2割としながらも安全対策について中国語での説明がなかったなど安全配慮義務が尽くされていなかった違反を認め、②についてはXの主張に沿ってYの不法行為を認め、③についてはXの請求を一部棄却しながらも公序良俗に反するとして日本人社員より多く控除したのは無効とした（YはXを研修生として契約していながら工具として必要な知識、技術を習得させることは全くなく、Yの指揮監督の下での労務提供者として扱いしかも割増賃金

を最低賃金法による額をはるかに下回る額しか支払わなかったうえ、さらに根拠なく住居費を日本人社員よりも多く控除していた)。

【裁判例による実務上のポイント】
① 外国人労働者に対して、日本人労働者と同じく労働関係諸法令を遵守すること。
② 労働条件や安全管理に関しては、母国語による説明も行うよう努めること。

| コラム⑦ |　**失踪する技能実習生**

　建設業において、外国人技能実習生を受け入れることもあると思います。受入れ企業にとっては、労働力を確保しつつ国際協力にも貢献できて、企業イメージをアップさせるという効果も期待されています。

　他方、近年、技能実習生の失踪が増加しているとも言われています。技能実習生が労働環境に耐えられないなどの理由で失踪しているケースも少なくありません。

　技能実習生としての在留期間は限られています。そこで、失踪者が帰国しないで日本国内に滞在しているとオーバーステイとなったり、就労ができず窃盗や詐欺に加担したりと、失踪者の逮捕勾留事例も多く存在します。

　国選弁護を引き受けていると、このような事例に当たることが頻繁にあります。弁護活動として、失踪前の企業への連絡を取ることも多いです。企業には勾留中の外国人の支援を求めたり、未払い賃金が残っていれば支払うように求めることもあります。

　技能実習制度があまり上手く機能しない例も存在しているのです。失踪者を出してしまうと、企業側にも負担が多く生じてしまいます。現在、技能実習制度自体の大改正の議論が進んでいます。今後の動向に注目しましょう。

12 寄宿舎

　建設業においては事業の附属寄宿舎（※1）を設けることが少なくありませんが、その設置、管理については労基法および関連省令等の定めに沿って行うこととなります。すなわち、寄宿舎規則（規則例は巻末349頁参照）の作成・行政官庁（労基署長）への届出、私生活の自由の保障、寄宿舎自治の保障などですが、寄宿舎規則の作成（変更）については規則の対象となる寄宿労働者の過半数を代表する者の同意が必要で、行政官庁への届出にはその書面を添付しなければなりません。過半数代表者の同意については、就業規則の届出の場合の「意見」聴取とは異なり、「同意」でなければなりませんので特に注意が必要です（労基法95条2項）。

　法令等（※2）はいずれも集団生活型の寄宿舎を前提にしていますが、集団生活型でない場合であっても関係者においてはこの法令等には目を通しておく必要があります。

　最近は、若者、女性向けにマンション等を借り上げるタイプが増えていますが、共同食堂など共同生活の実態を備える施設の場合は、建設業寄宿舎に含まれ、寄宿舎設置届（貸借契約含む）、寄宿舎規則の作成、届出の義務等が適用されますので注意が必要です（福利厚生施設・独身寮とする場合は建設業寄宿舎には該当せず関連する義務等は対象外）。

　建設業付属寄宿舎規程は、寄宿舎を設置する場合の住環境、安全対策、運営事項等に関する厚労省省令で、会社（寄宿舎）ごとに作成する寄宿舎規則は、この規程に沿って作成することとなります。

　※1　事業の附属寄宿舎とは「常態として相当人数の労働者が宿泊し、共同生活の実態を備えるものをいい、事業に附属するものとは、事業経営の必要上その一部として設けられているような事業との関連性

を持つことをいう」（昭23.3.30基発508号）

※2　①労基法94条～96条、②建設業付属寄宿舎規程（昭42.9.29労働省令27号。平10.12.28改正）、③望ましい建設業附属寄宿舎に関するガイドラインについて（平6.9.28基発596号）

1 ┃ 代表的な裁判例

① 甲野組事件
（横浜地判平7.10.30判時1575号151頁）

…違法建築部分を有する建設作業員宿舎の火災により作業員8名が焼死した事件につき、建設会社の代表取締役と取締役に対し労基法（96条）違反および業務上過失致死罪により禁錮刑が科された例

「火災発生時における寄宿労働者の生命身体の安全を図り、死傷者の発生を未然に防止するため、同宿舎2階居室及び廊下部分につき、適正に配置され、かつ、容易に屋外の安全な場所に通じる二以上の避難階段、外気と有効に通じる窓及び自動火災報知器等必要な構造及び設備を設置し、これを有効なものとして維持管理するなどして（中略）もって火災発生時における寄宿労働者の生命身体の安全を確保すべき業務上の注意義務があるのに、いずれもこれを怠り（中略）八名を死亡するに至らしめ、その際（中略）火災その他非常の場合に、寄宿する者にこれをすみやかに知らせるための警鐘、非常ベル、サイレンその他の警報装置を設けなければならないのに、これを設けず、いずれも建設業の附属寄宿舎について、避難な必要な措置その他労働者の生命の維持に必要な措置を講じなかった。」

> 　…………【裁判例による実務上のポイント】
> 　寄宿舎を建設する際は、労基法94条から96条を遵守し、労働者の安全衛生には十分配慮すること。

13 | 建設業における
同一労働同一賃金

令和2年4月1日（中小企業は令和3年4月1日）より、正社員と非正規社員の間の不合理な待遇差を禁止したパート有期労働法が施行されています。派遣社員についても同様の法改正があり、令和2年4月1日より改正派遣法が施行されています。

建設業においても正社員以外に契約社員や派遣社員、短時間労働者を使用している場合には注意が必要です。

▌改正のポイント

① 不合理な待遇差の禁止
② 労働者に対する待遇に関する説明義務の強化
③ 行政による事業主への助言・指導等や裁判外紛争解決手続（行政ADR）の整備

1 | 不合理な待遇差の禁止

契約社員の場合は同一の会社内における正社員と契約社員の待遇、派遣社員の場合は、派遣先の労働者と派遣社員の待遇について、不合理な取扱いが禁止となります。

①職務内容、②職務内容・配置の変更の範囲、③その他の事情を考慮し、不合理な待遇となっていないか検討します。ここでいう待遇とは、基本給や諸手当などの賃金、賞与、食堂など福利厚生施設の利用、教育訓練などあらゆるものが含まれます。ガイドラインや詳細な解説リーフレットが厚労省より公開されていますので、それらを参考に、自社の状況を調査するところから始めます。

2 ｜ 労働者に対する説明義務

　非正規社員より求めがあった場合、会社は「正社員との待遇差の内容や理由」等について、説明する義務が課されます。賃金や福利厚生施設の利用、教育訓練などで差がある場合、待遇差の内容および理由について説明できなければなりません。

　主な説明のタイミングは雇入れ時になりますが、会社は非正規社員が理解しやすくなるためにも、また、会社が説明責任を果たしている証明のためにも、説明用資料を準備したほうがよいでしょう。

3 ｜ 行政による事業主への助言・指導等や行政 ADRの整備

　行政ＡＤＲとは、都道府県労働局における紛争解決手続をいいます。有期契約社員等の非正規社員より相談があり、実際に会社に不備が見られる場合、行政は会社に対して助言・指導・勧告を行うことができます。

　また、均衡待遇や説明義務についても行政ＡＤＲの対象となります。

　建設業には様々な事業の種類がありますが、職種によっては正社員・非正規社員間において、業務の内容や責任の程度などがまったく変わらないという場合もあります。その場合は、差別的取扱いが禁止され「均等待遇」として、同じ待遇にする必要があります。待遇差がある場合、業務内容や責任程度に差をつけるなどが必要です。

① 長澤運輸事件
（最二小判平 30．6．1労判 1179 号 20 頁）

…定年後再雇用の運転手において、職務内容および変更範囲に定年前と相違がない場合でも、正社員と非正規社員との不合理性の判断に際し、定年後再雇用であるという事情を「その他の事情」として考慮されるとした例

　「労働者の賃金に関する労働条件は、労働者の職務内容及び変更範囲により一義的に定まるものではなく、使用者は、雇用及び人事に関する経営判断の観点から、労働者の職務内容及び変更範囲にとどまらない様々な事情を考慮して、労働者の賃金に関する労働条件を検討するものということができる。また、労働者の賃金に関する労働条件の在り方については、基本的には、団体交渉等による労使自治に委ねられるべき部分が大きいということもできる。そして、労働契約法 20 条は、有期契約労働者と無期契約労働者との労働条件の相違が不合理と認められるものであるか否かを判断する際に考慮する事情として、「その他の事情」を挙げているところ、その内容を職務内容及び変更範囲に関連する事情に限定すべき理由は見当たらない。したがって、有期契約労働者と無期契約労働者との労働条件の相違が不合理と認められるものであるか否かを判断する際に考慮されることとなる事情は、労働者の職務内容及び変更範囲並びにこれらに関連する事情に限定されるものではないというべきである。」

　「有期契約労働者が定年退職後に再雇用された者であることは、当該有期契約労働者と無期契約労働者との労働条件の相違が不合理と認められるものであるか否かの判断において、労働契約法 20 条にいう「その他の事情」として考慮されることとなる事情に当たると解する

のが相当である。」

「有期契約労働者と無期契約労働者との個々の賃金項目に係る労働条件の相違が不合理と認められるものであるか否かを判断するに当たっては、両者の賃金の総額を比較することのみによるのではなく、当該賃金項目の趣旨を個別に考慮すべきものと解するのが相当である。」

┈┈┈┈【裁判例による実務上のポイント】

・職務内容および変更範囲に相違がない場合でも、定年後再雇用はその他の事情として考慮することができるという判断。

・賃金に係る不合理性の判断にあたっては、基本給、諸手当など賃金項目ごとに趣旨を考慮すべきである。

［第5章］

社会保険の加入に関する
下請指導ガイドライン

1 建設業における社会保険の適用をめぐる経過

　建設産業においては、健康保険、厚生年金保険および雇用保険についての未適用事業所が存在し、技能労働者の医療、年金など、いざというときの公的保障が確保されず、若者の建設業離れの一因となっているほか、関係法令を遵守して適正に法定福利費を負担する事業者ほど競争上不利になるという矛盾した状況が生じていました。この対策に際しては、現在まで次のような経過がありました。

①　建設産業の再生と発展のための方策
（平成 23 年 6 月 23 日）

　建設産業戦略会議による提言「建設産業の再生と発展のための方策 2011」（国交省）により、「保険未加入企業の排除に向けた取組により、建設産業の持続的な発展に必要な人材の確保を図るとともに、企業間の健全な競争環境を構築する必要がある」とされました。

②　中央建設業審議会・社会資本整備審議会産業分科会建設部会基本問題小委員会中間とりまとめ
（平成 24 年 1 月 27 日）

　建設産業全体としての枠組みを整備し、行政、元請会社および下請会社が一体となって取り組んでいくことが必要であるとされました。
　これを受けて建設産業行政は、建設業許可部局において、社会保険担当部局との連携を図りつつ、建設業許可・更新時や立入検査等における確認・指導、経営事項審査の厳格化、社会保険担当部局への通報等を行うこととしました。

③　施工体制台帳等の記載事項の追加（平成 24 年 5 月 1 日）

　下請会社の保険加入状況を把握することを通じて、適正な施工体制の確保に資するため、施工体制台帳の記載事項および再下請負通知書の記載事項に健康保険等の加入状況を追加すること等を内容とする建設業法施行規則 14 条の 2 および 14 条の 4 の改正を行いました（同年 11 月 1 日施行）。

④　第 1 回社会保険未加入対策推進協議会（平成 24 年 5 月 29 日）

　第 1 回社会保険未加入対策推進協議会が開催されました。本協議会では、建設団体、関係団体、行政（建設業担当部局、社会保険担当部局）等により、建設業における社会保険未加入対策を進めるうえでの課題や取組方針等を協議し、定期的な情報共有等を行うこととされました。

⑤　経営事項審査における社会性等（労働福祉の状況）に係る評価の項目および基準（減点措置）の見直し（平成 24 年 7 月 1 日）

　「雇用保険」、「健康保険」および「厚生年金保険」の各項目について、未加入の場合それぞれ 40 点の減点（3 保険に未加入の場合 120 点の減点）とされました。

⑥　下請指導ガイドラインの施行（平成 24 年 11 月 1 日）

　国交省が「社会保険の加入に関する下請指導ガイドライン」（以下、「ガイドライン」という）を施行しました。

　また、特定建設業者および下請負人が、その請け負う工事における下請負人等の保険加入状況を把握することを通じて、適正な施工体制の確保に資するよう、建設業法 24 条の 7 第 1 項に基づき特定建設業者が作成する施工体制台帳の記載事項および同条 2 項に基づき下請負人が特定

建設業者に通知すべき事項に、健康保険等の加入状況の記載欄が追加されました。

　なお同時に、建設業の許可申請書の添付書類について、健康保険等の保険加入状況を記載した書面の提出が追加されました。

⑦　社会保険等未加入事業者の排除（平成26年9月30日）

　改正された公共工事の入札及び契約の適正化を図るための措置に関する指針（適正化指針）において、「法令に違反して社会保険に加入していない建設業者について、公共工事の元請業者から排除するため、定期の競争参加資格審査等で必要な対策を講ずるものとする」ほか、「元請業者に対し社会保険未加入業者との契約締結を禁止することや、社会保険未加入業者を確認した際に建設業許可行政庁又は社会保険担当部局へ通報すること等の措置を講ずることにより、下請業者も含めてその排除を図るものとする」こととされました。

　なお、平成28年7月以降は、社会保険未加入業者について、加入指導を経ずに厚労省の社会保険担当部局に通報する取組みがされています。

⑧　下請指導ガイドラインの改訂
（平成27年4月1日、平成28年7月28日）

　法定福利費を内訳明示した見積書の提出について、下請会社に対する見積条件に明示し、提出された見積書を尊重すること（特に再下請の場合の徹底）、施行体制台帳、再下請負通知書および作業員名簿の正確な記載による雇用と請負の明確化、社会保険に未加入のまま現場入場できる「特段の理由」について等が改訂されました。

⑨　建設業法等の改正（令和元年6月12日）

　建設業許可の基準を見直し、建設業許可および更新の要件に社会保険への加入を追加する改正建設業法等が公布されました。

　なお、下請会社を中心に未適用事業所が存在している状況を改善する

ためには、元請会社による下請会社の保険加入を指導することが求められています。これについては、従来から「建設産業における生産システム合理化指針」（平成3年2月5日建設省経構発第2号）において、元請会社が下請会社に対して社会保険の加入および保険料の納付について指導等を行うことを求めていました。

⑩　下請指導ガイドラインの改訂
（令和2年10月1日、令和4年4月1日）

　社会保険未加入状況の確認には、建設キャリアアップシステムの登録情報の利用を原則とし、建設キャリアアップシステムに登録している建設企業を選定することを推奨することなどが規定されています。

　また、技能者の個人事業主化が進んでいるとの実態を受け、一人親方の基本的な姿や、一人親方の実態の適切性の確認として具体的な例が示されました。

2 | 「社会保険の加入に関する下請指導ガイドライン」の概要

　ガイドラインは、「平成29年度までに事業者単位では許可業者の加入率100%、労働者単位では少なくとも製造業相当の加入状況を目指すべき」という目標を達成するため、建設業における適正な社会保険の加入について、元請会社および下請会社がそれぞれ負うべき役割と責任を明確にしたもので、建設業許可業者にあってはすべての事業者が指針とすべきものとされています。

　国交省がガイドラインを出した背景には、適正な社会保険の適用を受けずに仕事を受注していた中小規模企業が多いということがありました。それにより社会保険料を適切に負担していない事業者ほど競争入札などで有利になっているという問題が生じていたうえ、社会保険未加入の状況を続ければ、若者の建設業離れがさらに進み業界の将来が危ぶまれるということがありました。

　ガイドラインでは、適正に社会保険に加入するための方策について示しています。これにより近年では従業員の社会保険加入状況は大幅に改善されています。他方、技能者の個人事業主化が進んでいることから、建設業界として目指す一人親方の基本的な姿を示し、本来の姿ではないと思われる一人親方については、適正な契約締結により適正な保険加入ができるよう促しています。

3 | 元請会社の役割と責任

　ガイドラインによる下請指導の対象となる下請会社は、元請会社が請け負った建設工事に従事するすべての下請会社ですが、元請会社がそのすべてに対して自ら直接指導を行うことが求められるものではなく、直接の契約関係にある下請会社に指示し、または協力させ、元請会社はこれを統括するという方法も可能であるとされています。実際の指導は、元請は一次下請に対し、一次下請は二次下請に対して指導する流れとしていることがほとんどです。

　なお、ガイドラインにおいては元請会社の役割と責任として、新規入場者の保険加入の確認に関して適切な保険に加入しているかについて、情報の真正性が確保されている建設キャリアアップシステムの登録情報を活用し、同システムの閲覧画面等において社会保険加入状況の確認を行うことを原則化していますが、「書面にて保険加入状況の確認をする場合、社会保険の標準報酬決定通知書等のコピーを提示させ真正性の確保に向けた措置を講ずること」とされています。

　また、一人親方についても「一人親方との関係を記載した下請負通知書及び請負契約書の提出を求め、適切な施工管理台帳・施工体系図を作成すべき」とされています。

4 下請会社選定時の
確認・指導

　ガイドラインにおいて、元請会社は、社会保険に関する法令を遵守しない建設会社は不良不適格業者であることを踏まえ、「下請契約に先立って、選定の候補となる建設企業について社会保険の加入状況を確認し、適用除外でないにもかかわらず未加入である場合には、早期に加入手続を進めるよう指導を行うこと」という厳しい記載がされています。この確認にあたっては、必要に応じ、選定の候補となる建設会社に保険料の領収済通知書等関係資料のコピーを提示させるなど、真正性の確保に向けた措置を講ずるよう努めることとされています。

　また、下請会社には適切な保険に加入している建設会社を選定すべきであり、遅くとも平成29年度以降においては、健康保険、厚生年金保険、雇用保険の全部または一部について、適用除外でないにもかかわらず未加入である建設会社は下請会社として選定しない、との取扱いとすべきであるとされており、まずは会社単位で未加入の会社を下請選定の候補から除外することが求められました。

　なお、社会保険の加入状況の確認には、建設キャリアアップシステムの活用を原則とし、技能者の現場単位での社会保険の加入徹底に向けた取組みを推進しています。

　また、このことから建設キャリアアップシステムの登録建設企業を下請企業として選定することが推奨されています。

5 施工体制台帳・再下請負通知書を活用した確認・指導等

　施工体制台帳の様式には、健康保険・厚生年金保険・雇用保険の加入状況に関する記載欄があります。施工体制台帳の作成および備付けまたは写しの提出が義務付けられる工事（※）については、これら書類において保険加入状況の確認が可能です。

　このため、建設業者たる元請会社は、再下請負通知書の「健康保険等の加入状況」欄により下請会社が社会保険に加入していることを確認すること。この確認の結果、適用除外でないにもかかわらず未加入である下請会社がある場合は、早期に加入するよう指導を行うこととされました。

　「健康保険等の加入状況」欄に記載する各保険の番号は、番号すべてを記載する場合と、下 4 桁のみを記載する場合等元請会社により指示に違いがあります。

- （※）　①　民間工事では、下請契約の総額が 4,500 万円以上（建築一式工事の場合 7,000 万円以上）※建設工事に該当しない資材納入、運搬、警備業務などの契約金額は含みません。
- 　　　②　公共工事において金額にかかわらず下請契約を締結した場合

　なお、現在の国交省の施工体制台帳作成例には、建設キャリアアップシステムの ID を記載するよう作成例が変更されています。

＜イメージ＞施工体制台帳【作成例】

施工体制台帳の記入例

施工体制台帳を作成又は
変更した年月日を記入
令和3年3月12日

施工体制台帳

作成建設業者の名称とこ
の工事を担当する事業所
名を記入

[会社名・事業者ID]　国元建設株式会社(0X00X0X0X-X-X0X)

[事業所名・現場ID]　○○ビル作業所(0X0X0X0X0X0X)

		許可業種	許可番号	許可（更新）年月日
建設業の許可	工事業	大臣 特定 知事 一般	第00000号	令和2年11月11日
	工事業	大臣 特定 知事 一般	第00000号	令和2年11月11日

作成建設業者が受けてい
る許可を全て記入（業種
は略称でも可）

作成建設業者が発注者と
締結した契約書に記載さ
れた工事名称とその工事
の具体的な内容を記入

工事名称及び工事内容	○○ビル新築工事/建築一式(地上5階、地下1階、延べ床面積9,600m2)
発注者名及び住所	雨事株式会社 〒000-0000　埼玉県さいたま市中央区新都心○-○
期間	自 令和3年2月28日　至 令和4年3月1日	契約日	令和3年2月27日

作成建設業者が発注者と
締結した契約書に記載さ
れた工期・契約日を記入

営業所	区分	名称	住所
	請契約	本社	□□県□□市□□町000-0
	請契約	○○支店	□□県□□市□□町000-0

発注者と契約を締結した
作成建設業者の営業所を
記入

一次下請と契約を締結し
た作成建設業者の営業所
を記入

健康保険等の加入状況	保険加入の有無	健康保険	厚生年金保険	雇用保険
		加入 未加入 適用除外	加入 未加入 適用除外	加入 未加入 適用除外
	事業所整理記号等	区分	営業所の名称	健康保険	厚生年金保険	雇用保険
		元請契約	本社	XXXX	XXXXXXX	XX-XXXXX-X
		下請契約	○○支店	YYYY	YYYYYYY	YY-YYYYY-Y

発注者が置いた監督員の
氏名を記入（※）

一次下請を監督するため
に作成建設業者が置いた
監督員の氏名を記入（※）

作成建設業者が置いた現
場代理人の氏名を記入（※）

作成建設業者が置いた主
任又は監理技術者の氏名
を記入

主任又は監理技術
者の資格を具体的
に記入

監理技術者補佐の
資格を具体的に記
入（※）

作成建設業者が置いた監
理技術者補佐の氏名を記
入（※）

作成建設業者が置いた専
門技術者の氏名・資格・
工事内容を記入（※）

発注者の監督員名	注文 一郎	権限及び意見申出方法	契約書記載のとおり
監督員名	建設 太郎	権限及び意見申出方法	契約書記載のとおり
現場代理人名	国土 次郎	権限及び意見申出方法	契約書記載のとおり
監理技術者名 専任 非専任	国土 次郎	資格内容	一級建築施工管理技士
監理技術者補佐名	国土 三郎	資格内容	一級建築施工管理技士補
専門技術者名	四国 四郎	専門技術者名	北陸 一郎
資格内容	実務経験(10年・管)	資格内容	実務経験(指定学科3年・電)
担当工事内容	○吸養管設備工事 給排水衛生工事	担当工事内容	電気設備工事

一号特定技能外国人の従事の状況(有無)	①	有 無	外国人建設就労者の従事の状況(有無)	②	有 無	外国人技能実習生の従事の状況(有無)	③	有 無

○健康保険等の加入状況
1．保険加入の有無
　各保険の適用を受ける営業所について届出を行っている場合には「加入」、行っていない場合（適用を
　受ける営業所が複数あり、そのうち一部について行っていない場合を含む）は「未加入」、従業員規模等
　により各保険の適用が除外されている場合は「適用除外」を○で囲む。
2．事業所整理記号等
　①元請契約に係る営業所の名称及び下請契約に係る営業所の名称をそれぞれ記入
　②健康保険：事業所整理記号及び事業所番号（健康保険組合にあっては組合名）を記入。
　　一括適用の承認に係る営業所の場合は、主たる営業所の整理記号及び事業者番号を記入。
　③厚生年金保険：事業所整理記号及び事業所番号を記入。
　　一括適用の承認に係る営業所の場合は、主たる営業所の整理記号及び事業者番号を記入。
　④雇用保険：労働保険番号を記入。継続事業の一括の認可に係る営業所の場合は、主たる営業所の労働保
　　険番号を記入。

出典：国土交通省

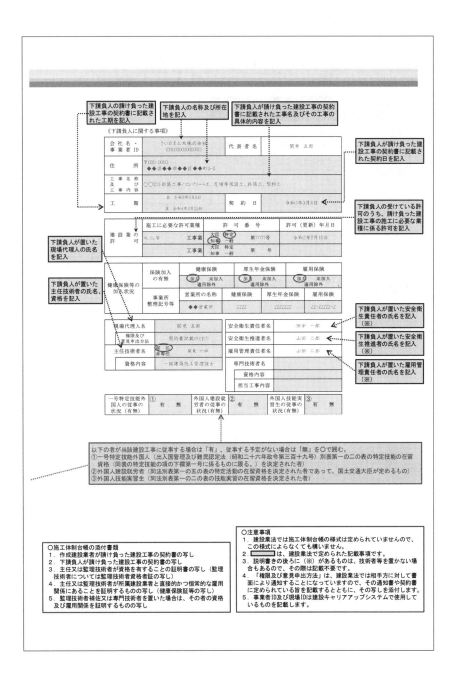

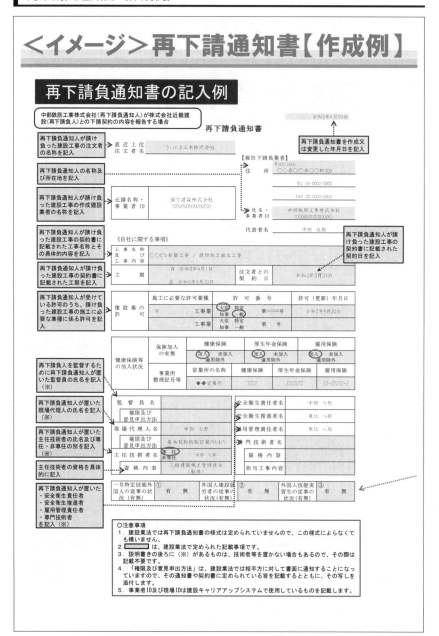

＜イメージ＞再下請通知書【作成例】

再下請負通知書の記入例

中部鉄筋工業株式会社（再下請負通知人）が株式会社近畿建設（再下請負人）との下請契約の内容を報告する場合

再下請負通知書

令和3年4月10日

再下請負通知人が請け負った建設工事の注文者の名称を記入	直近上位注文者名	さいたま土木株式会社

再下請負通知書を作成又は変更した年月日を記入

【報告下請負業者】

住所　〒000-0000
　　　○○県○○市○○町000
　　　TEL 00-0000-0000
　　　FAX 00-0000-0000

再下請負通知人の名称及び所在地を記入

再下請負通知人が請け負った建設工事の作成建設業者の名称を記入	元請名称・事業者ID	国交建設株式会社（00000000000000）

社名・事業者ID　中部鉄筋工業株式会社（00000000000000）

代表者名　中部 太郎

《自社に関する事項》

再下請負通知人が請け負った建設工事の契約書に記載された工事名称とその具体的内容を記入	工事名称及び工事内容	○○ビル新築工事　／　鉄筋加工組立工事
再下請負通知人が請け負った建設工事の契約書に記載された工期を記入	工期	自 令和3年4月1日　至 令和3年9月30日	注文者との契約日	令和3年3月31日

再下請負通知人が請け負った建設工事の契約書に記載された契約日を記入

再下請負通知人が受けている許可のうち、請け負った建設工事の施工に必要な業種に係る許可を記入	建設業の許可	施工に必要な許可業種	許可番号	許可（更新）年月日
		工事業 大臣 知事 特定 一般	第999999号	令和2年9月20日
		工事業 大臣 知事 特定 一般	第　号	

	健康保険等の加入状況	保険加入の有無	健康保険	厚生年金保険	雇用保険
再下請負人を監督するために再下請負通知人が置いた監督員の氏名を記入（※）			加入 未加入 適用除外	加入 未加入 適用除外	加入 未加入 適用除外
		事業所整理記号等	営業所の名称	健康保険	厚生年金保険	雇用保険
			◆◆営業所	ZZZ	ZZZZZZZ	ZZ-ZZZZZ-Z

再下請負通知人が置いた現場代理人の氏名を記入（※）	監督員名		安全衛生責任者名	中部 七郎
	権限及び意見申出方法		安全衛生推進者名	東北 八郎
再下請負通知人が置いた主任技術者の氏名及び専任・非専任の別を記入（※）	現場代理人名	中部 七郎	雇用管理責任者名	東北 八郎
	権限及び意見申出方法	基本契約約款記載のとおり	専門技術者名	
主任技術者の資格を具体的に記入	主任技術者名	専任 中部 七郎	資格内容	
	資格内容	二級建築施工管理技士（建築）	担当工事内容	

再下請負通知人が置いた ・安全衛生責任者 ・安全衛生推進者 ・雇用管理責任者 ・専門技術者 を記入（※）	一号特定技能外国人の従事の状況（有無）	①	有 無	外国人建設就労者の従事の状況（有無）	②	有 無	外国人技能実習生の従事の状況（有無）	③	有 無

○注意事項
1. 建設業法では再下請負通知書の様式は定められていませんので、この様式によらなくても構いません。
2. ▢▢▢ は、建設業法で定められた記載事項です。
3. 説明書の後ろに（※）があるものは、技術者等を置かない場合もあるので、その際は記載不要です。
4. 「権限及び意見申出方法」は、建設業法では相手方に対して書面に通知することになっていますので、その通知書や契約書に定められている旨を記載するとともに、その写しを添付します。
5. 事業者ID及び現場IDは建設キャリアアップシステムで使用しているものを記載します。

出典：国土交通省

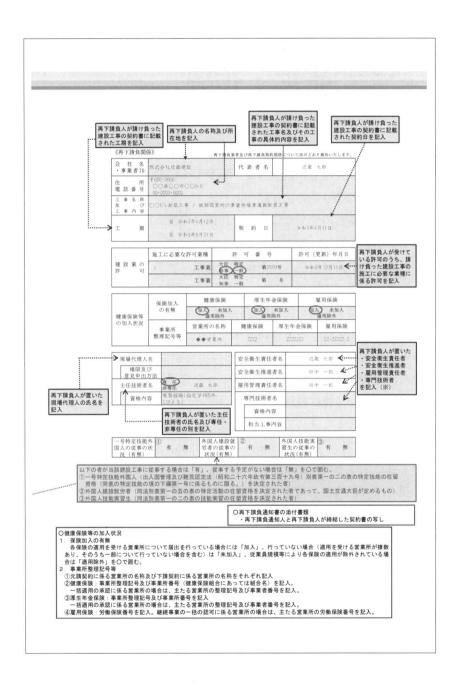

6 作業員名簿を活用した確認・指導

　施工体制台帳の様式に合わせて、各専門工事業団体等が作成している作業員名簿の様式にも、健康保険、厚生年金保険および雇用保険の名称および被保険者番号等の記載欄があります。元請会社はこの名簿を活用して、新規入場者の受入れに際し、作業員の社会保険加入状況を確認することが求められています。

　その際、関係資料のコピーの提示、建設キャリアアップシステムやグリーンサイトなどの情報システムを利用した電子データの添付による提示等を求めるなど、真正性の確保に向けた措置を講じることとありますが、ガイドラインにおいては建設キャリアアップシステムにより確認することが原則とされています。

　また、適切な保険に加入していることを確認できない作業員については、元請会社は「特段の理由」がない限り現場入場を認めないとの取扱いとすべきであるとされています。

　平成28年当時、「特段の理由」については、現場入場時点で60歳以上であり厚生年金保険に未加入の場合もこれにあたるとされていましたが、現在では削除されており、令和2年10月以降「特段の理由」に該当するのは次の2つの場合に限定されています。

「特段の理由」により現場入場が認められている作業員

> ①　例えば伝統建築の修繕など、当該未加入の作業員が工事の施工に必要な特殊技能を有しており、その入場を認めなければ工事の施工が困難となる場合
> ②　当該作業員について社会保険の加入手続中であるなど、今後確実に加入することが見込まれる場合

　ただし、これについては社会保険に未加入であっても現場に入場できるというだけの措置であって社会保険加入の法的義務がないということではないことに注意が必要です。

　下請会社にあっては、未加入のまま入場を許可された作業員については、社会保険の加入義務がないと考えがちです。「特段の理由」により現場入場が認められている作業員についても、社会保険加入は法令上の義務であることを説明して理解を促す必要があります。

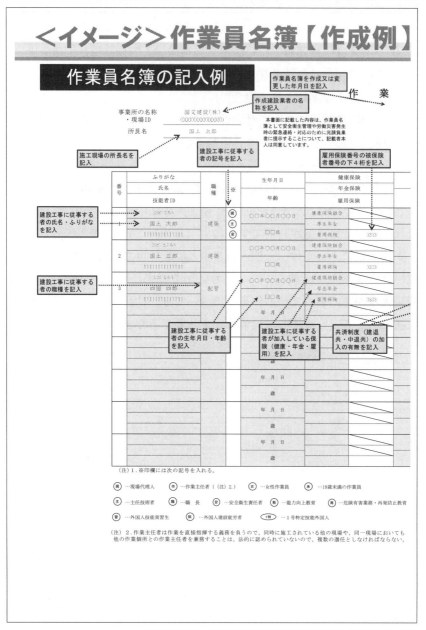

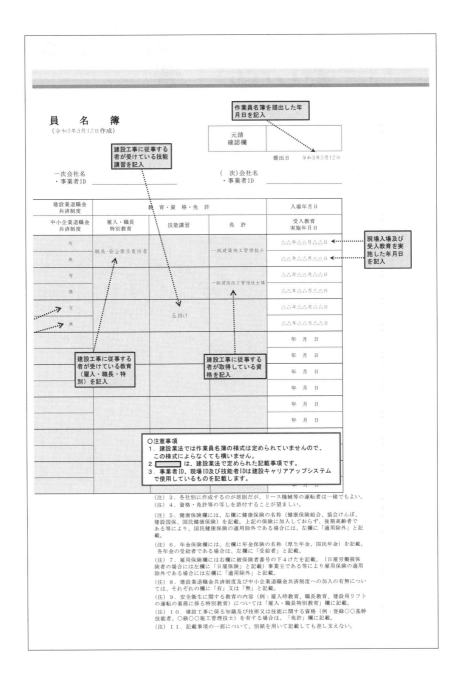

7 施工体制台帳の作成を
要しない工事

　下請契約の総額が建設業法で定める金額（195 頁参照）を下回ることにより、施工体制台帳の作成が義務付けられていない民間の工事であっても、施工体制台帳の作成は推奨されており、元請会社から提出を求められることがほとんどです。元請会社は適宜、社会保険の加入状況について把握し、未加入である場合には指導を行うこととされています。

8 | 法定福利費の元請負担

　社会保険料の事業主負担分は事業者が義務的に負担しなければならない法定福利費であり、これは建設業法に規定する「通常必要と認められる原価」に含まれます。このため、元請負人および下請負人は見積時から法定福利費を必要経費として適正に確保する必要があります。そして、契約に際しては、経費の内訳を明らかにして工事の見積りを行うよう努めることとされています。

　下請負人の見積書に法定福利費相当額が明示され、または含まれているにもかかわらず、元請負人がこれを尊重せず、一方的に削減したり、基本労務費や請負金額に含まれる他の費用（材料費、労務費、その他経費など）で減額調整を行うなど、下請負人が実質的に法定福利費相当額を賄うことができない金額で請負契約を締結し、その結果「通常必要と認められる原価」に満たない金額となる場合には、当該取引依存度等によっては、建設業法19条の3（不当に低い請負代金の禁止）に違反するおそれがあり、厳に慎まなくてはなりません。

9 | 下請の社会保険加入と 法定福利費の確保

　下請会社は、自らが雇用する労働者の社会保険加入手続を行うにあたっては、雇用している労働者と請負関係にある者の二者を明確に区別したうえで、適切に行うことが必要です。

　また、施工体制台帳、再下請負通知書および作業員名簿については、下請負人と建設労働者との関係を正しく認識したうえで記載しなければなりません。

　事業主が労務関係諸経費の削減を意図して、これまで雇用関係にあった労働者を、以後は個人事業主（一人親方等）として扱い請負契約を結ぶことは、形式は請負契約であっても実態が雇用労働者である以上、偽装請負として職業安定法（昭和22年法律第141号）等の労働関係法令に抵触するおそれがあります。

　このほか下請会社においては、元請会社の指導に協力すること、作業員名簿等への個人情報の記載と元請会社への提出については、個人情報保護に留意し、あらかじめ利用目的（保険加入状況を元請会社に確認させること）を示したうえで、作業員の同意を得ることが必要です。

　社会保険への加入を促進するため、下請会社は自ら負担しなければならない法定福利費を適正に見積り、標準見積書の活用等により法定福利費相当額を内訳明示した見積書を元請会社に提出し、雇用する建設労働者が社会保険に加入するために必要な法定福利費を確保する必要があります。なお、各専門工事業団体が業種に対応した標準見積書を作成しており参考になります。

　また、下請会社が請け負った工事を他の建設事業者に再下請させた場合は、当該下請は、再下請負人の法定福利費を適正に確保する必要があ

ります。標準見積書の活用等により内訳明示した見積書の提出を要請するとともに、提出された見積書を尊重して再請負契約を締結しなければなりません。

┈┈┈┈【実務上のポイント】

① 　建設業の社会保険未加入対策に関して国交省等が進めている経緯を把握し、適切な対応をすること。

② 　元請会社は、下請会社の社会保険加入につき指導しなくてはならず、建設キャリアアップシステムの登録情報を基に確認することが原則であること。

| コラム⑧ | 　民事調停活用のすすめ

　建設業の取引トラブルについて、当事者間で話合いがつかない場合、裁判所の民事調停の活用もお勧めしています。

　民事調停は、訴訟よりも手続的に簡便で、代理人弁護士を積極的に立てる必要もありません。裁判所に納付する費用も安価で、非公開手続ですので秘密も守られます。厳密な主張立証を必要としないので、訴訟よりも早期解決となる例が多いです。

　当事者が忙しさを理由に出頭せず民事調停が成り立たない例もありますが、それでも民事調停申立を試みるメリットは大きいでしょう。

　法律上の争点がある場合でも、その点は度返しして、合理的な解決を図ることのできるケースもあります。例えば、建設業の分野では当事者の一方が労働者なのか個人事業主なのか判断が分かれる事例もあります。当事者間での話合いで解決させたほうがスマートなことも多いように思います。

　民事調停は、裁判官と調停委員2名で進められますが、調停委員には弁護士や社会保険労務士などの専門家が多く任命されており、事案ごとに相応しい者が選定されています。

　また、相手方の住所地を管轄する簡易裁判所で実施するのが原則です。

　申立用紙は簡易裁判所に備え付けられていますので、是非、ご検討を。

第6章

建設業における
健康保険・年金

1 建設業の強制適用事業

建設業における社会保険の適用では、以下の事業所が強制適用事業所となります。

強制適用事業所

① 常時５人以上の従業員を使用する事業所
② 国または法人の事業所

なお、建設業においては、社会保険のほかに建設業の国民健康保険組合（以下、「国保組合」という）の行う国民健康保険の被保険者となっている方々が非常に多いことが特徴的です。

2 | 建設国民健康保険組合

　国民健康保険には、都道府県および市町村が運営する国民健康保険と、同種の事業または業務に従事する人で構成した国保組合があり、どちらも国民健康保険法に定められた医療保険制度です。

　国保組合は国からの補助金のほか、加入者の保険料収入により運営されているため、国保組合ごとの事情により保険料や給付には違いがあります。建設業においては、代表的な建設国保組合として、全国建設労働組合総連合（全建総連）加入の労働組合・団体が母体となった国保組合が全国各地にあり、それぞれ地域ごとの支部が運営しています。

　国保組合の適用を受けることができる者は、原則として次の通りです。

国保組合の適用を受けることができる者

```
①　法人格を持たない一人親方
②　個人事業の事業主
③　常時5人未満の従業員を使用する個人事業の従業員
```

　ただし例外的な措置として、個人事業から法人に転換した場合の役員および従業員が国保組合の加入者であった場合などについても、健康保険の適用除外認定を受けて、国保組合の被保険者資格を継続することが可能です。

　なお、国保組合の被保険者となった場合は、国民健康保険料のほかに、母体組織（組合や団体）に係る組合費（加入費）や共済金などの費用が発生することがあります。また、健康保険適用除外の承認を受けた場合でも国保組合の被保険者資格を継続すること等について対応していない国保組合もありますので、注意が必要です。

3 | 健康保険の適用除外

　強制適用事業に使用され、社会保険の適用を受ける者は、厚生年金の適用と同時に健康保険（協会けんぽ）の適用を受けます。

　しかし、強制適用事業に使用される者であっても、健康保険（協会けんぽ）の適用除外承認を受けた者については、協会けんぽの健康保険ではなく、建設国保組合の健康保険の適用を受け、「国保組合健康保険と厚生年金」という組合せで適正な社会保険加入とされる取扱いがあります（平24.7.28国交省国土建労426号）。

　この適用除外の承認を受けるには、当該者が以下のいずれかに該当することが必要です（平17.12.15保国発1215001・庁保険発1215003）。

┃健康保険の適用除外の承認を受けるための要件

---

① 　国保組合の被保険者である者を使用する事業所が法人となる、または5人以上事業所となる等により、健康保険の適用事業所となる日において、現に国保組合の被保険者である者

② 　国保組合の被保険者である者が法人、または5人以上事業所を設立する等により、健康保険の適用事業所となる場合における当該被保険者

③ 　①および②に該当することにより適用除外の承認を受けた者を使用する事業所に新たに使用されることとなった者

④ 　国保組合の被保険者である者が、健康保険の適用事業所に勤務した場合における当該被保険者

　この健康保険適用除外の承認申請手続は、原則として社会保険の適用事業所となっている会社が行うことになっています。

　申請は、事実の発生した日（強制適用事業所になった日、または強制適用事業所に使用された日等）から原則として5日以内（※）に手続きすることとされています。ただし、日本年金機構が「やむを得ない」と認めた場合は理由書提出等により申請期間を延長できることがあります。「やむを得ない」と認められる例については以下があります。

　※　健保法施行規則24条。厚年法施行規則15条。

申請期間を延長できる場合

> ①　天災地変、交通・通信関係の事故やスト等により適用除外の申請が困難と認められる場合
> ②　事業主の入院や家族の看護など、適用除外の申請ができない特段の事情があると認められる場合
> ③　法人登記の手続きに日数を要する場合
> ④　国保組合理事長の証明を受けるための事務処理に日数を要する場合
> ⑤　事業所が離島など交通の不便な地域にあるため、日本年金機構に容易に行くことができない場合
> ⑥　書類の郵送（搬送）に日数を要する場合
> ⑦　日本年金機構が閉所している場合
> ⑧　その他、事業主の責によらない事由により適用除外の申請ができない事情があると認められる場合

　申請期限内に健康保険適用除外の手続きができなかった場合は、国保組合の被保険者資格は得られず、社会保険（協会けんぽまたは健保組合）の健康保険の被保険者となりますので注意が必要です。

　現に強制適用事業所に使用されているにもかかわらず、健康保険適用

除外を受けずに、国保組合の被保険者となっている例があります。この場合、同事業所に勤務しながら適正な状態に是正するためには、国保組合の被保険者資格を喪失して社会保険に加入し直す必要があります。

　また、社会保険の強制適用事業所に、新たに適用除外の承認を受けた国保組合の被保険者が入社した場合は、1つの法人内に協会けんぽの健康保険の被保険者と国保組合の健康保険の被保険者の両者が存在することになります。

　さらに、国保組合は複数あるため、すでにＡ国保組合の被保険者が在籍している事業所に新たにＢ国保組合の被保険者が使用された場合は、1つの法人内に別の国保組合加入者が併存することになります。ただし管理が煩雑なため、実際にはＢ国保組合を脱退し、会社が加入しているＡ国保組合に加入してもらうことが多いようです。

4 | 国保組合加入者の配偶者

　国保組合加入者の配偶者については、注意すべき点があります。国民年金第3号被保険者関係届（以下、「第3号届」という）の提出です。第3号届は、健保組合・共済組合・国保組合に加入する国民年金第2号被保険者の配偶者が60歳未満で第3号被保険者に該当した場合に提出するものです。

　社会保険の適用事業所の従業員で、適用除外の認定を受けた国保組合の被保険者である者が60歳未満の配偶者を扶養している場合、会社は国保組合の証明を受けて、第3号届を日本年金機構に提出する必要があります。

　しかし、国保組合の各種手続は原則として従業員個人で行うことができるため、会社は被扶養者情報の報告を受けていないこともあり得ます。その場合、第3号届の手続き漏れが発生してしまいます。その際は、被扶養配偶者の元に国民年金の納付書が届きますので、これで被扶養配偶者が疑問を覚え会社に問合せが来て発覚するケースが多いものと思われます。

　従業員およびその被扶養配偶者が第3号被保険者の制度の存在を知らない場合は、送付された納付書に従って、本来、納付しなくてもよい保険料を納付したり、手続き漏れに気付かないということも起こり得ます。

　このようなことのないよう、国保組合加入者には配偶者情報の報告義務を明確にする、手続きは会社を経由して行うことを徹底するなどの措置を検討する必要があります。

【実務上のポイント】

① 法人事業所であっても「国保組合＋厚生年金」の組合せにより社会保険に加入する被保険者が存在する場合があること。

② 国保組合加入者が健康保険の適用除外承認申請を行えるのは、原則として除外承認申請可能日から5日以内であること。

③ 国保組合は個人で加入する国民健康保険であるため、1事業所に複数の国保組合加入者が存在する可能性があること。

④ 事業所の手続き漏れを防ぐため、資格の変更（扶養者の増減を含む）等の手続きに関するルールを明確にすること。また国保組合が手続きの支援をしている場合は、その範囲を明確に把握すること。

5 一人親方の社会保険

　一人親方とは、労働者を使用しないで事業を行う職人等のことを指しています。法律上の定義があるわけではありませんが、雇用されて働いている人ではなく、一事業者であるという認識は、広く共通しているところだと思います。

　一人親方は労働者ではなく事業者ですので、労基法その他、労働・社会保険諸法令で定める労働者としての法律上の保護は受けられません。言い換えれば、一人親方には社会保険加入義務はありません。

　しかし、一人親方という名称で呼ばれているのに、実態としては事業所に雇用されている労働者であると思われるケースが少なくありません。実質的に労働者である場合は雇用契約をして社会保険に加入させなくてはなりません。

　なお、会社がこれを踏まえて一人親方を労働者として労働契約を締結しようとした場合、「一従業員になるとその会社の賃金水準に従い、現在より低い賃金で働くことになる」などの理由で会社に雇用されることを拒否することがあります。

　しかし、本人の意向にかかわらず、実態として労働者である場合は社会保険加入義務者となります。もし、継続して一事業者として社会保険に加入しない働き方を選ぶのであれば、偽装請負とならないよう、仕事の諾否、指揮命令、報酬の決定方法、契約の方法などの見直しが必要です。

　一人親方か否かの判断は、労基法の労働者か否かの判断要素に従い考えます。主な特徴としては、①仕事の諾否の自由があるか、②時間や日によって管理され、指揮命令を受けて働いていないか、③専属の義務は

なく他の事業で同時に働くことはできるか、④代替者の使用は可能か、などがあります。

なお、一人親方に対して日給で報酬を支払うケースが散見されています。これは仕事の完成に対して支払われる報酬ではなく、時間や日を単位として管理され働いて得た報酬であることを意味していると思われます。このような報酬の決定方法は、労働者性を強める要素となりますので注意が必要です。

一人親方の特徴

一人親方について

事業者としての特徴（例）	享受できない保護の内容（例）
仕事に諾否の自由がある	仕事確保の保障がない
指揮命令を受けずに働いている	最低賃金の適用がない
代替者の使用可	労基法の適用がない
時間的な拘束がない	労災保険の適用がない（特別加入除く）
場所的な拘束がない	社会保険・雇用保険の適用がない
道具・経費は自己負担	
報酬は仕事の完成により支払われる	
専属の義務がない	
確定申告をしている	

参考：藤沢労働基準監督署長事件（最一小判平 19. 6. 28）

令和4年4月1日改訂の「下請指導ガイドライン」では、建設業とし

て目指す一人親方の基本的な姿を「請け負った工事に対し、自らの技能と責任で完成させることができる現場作業に従事する個人事業主」としています。

　この場合の技能とは、相当程度の年数を上回る実務経験を有し、多種の立場を経験していることや、専門工事の技術のほか安全衛生等の様々な知識を習得し、職長クラス（建設キャリアアップシステムのレベル3相当）の能力を有すること等であり、責任とは、建設業法や社会保険関係法令、事業所得の納税等の各種法令を遵守することや、適正な工期および請負金額での契約締結、請け負った工事の遂行、他社からの信頼や経営力があること等であると示されました。

　なおガイドラインでは、一人親方として下請企業と請負契約を結んでいるため雇用保険に加入していない作業員がいる場合、その実態確認には、「働き方自己診断チェックリスト」を参考にすることとしています。

　また実態が雇用労働者であるにもかかわらず、一人親方として仕事をさせていることが疑われる例として以下の3点を挙げています。

---

①　年齢が10代の技能者で一人親方として扱われているもの

②　経験年数が3年未満の技能者で一人親方として扱われているもの

③　働き方自己診断チェックリストで確認した結果、雇用労働者に当てはまる働き方をしているもの

　この結果、上記①②については未熟な技能者の処遇改善や技能向上の観点から雇用関係へ誘導していく方針としています。

　また①～③に該当する場合、元請企業には当該建設企業に雇用契約の締結、働き方に合った社会保険の加入および法定福利費の確保を促すことが求められています。その際に、法定福利費等の追加見積り等がなされた場合は、元請企業と下請企業で十分に協議を行う必要があります。

　なお再三の指導に応じず改善が見られない場合は、当該建設企業の現

場入場を認めない取扱いとすることが要請されていますので注意が必要です。

また、事業主が労務関係諸経費の削減を意図して、これまで雇用関係にあった労働者を対象に個人事業主として請負契約を結ぶことは、たとえ請負契約の形式であっても、当該個人事業主が実態に照らして労働者に該当する場合、偽装請負として職業安定法（昭和22年法律第141号）等の労働関係法令に抵触するおそれがあることから、この観点からも働き方自己診断チェックリストを活用して実態の確認を行うこととしています。他方、雇用契約を締結していないにもかかわらず、自社の労働者である社員とすることも適正とはいえません。

なお、国交省は令和8年度以降、働き方自己診断チェックリストの活用による事務負担の軽減、技能者の処遇改善および技能向上の観点から、経験年数が一定未満（あるいは建設キャリアアップシステムのレベルが一定未満）の技能者が一人親方として扱われている場合などに対応する「適正でない一人親方」の目安を策定することを予定しており、令和5年度末に一定の道筋を示すとされています。

> 【実務上のポイント】
> ① 職人等の一人親方が労働者なのか事業者なのかを明確にし、契約内容や保険関係等について適切な対応をすること。
> ② 一人親方の労働者性に係る判例として、藤沢労働基準監督署長事件がある。
> ③ 一人親方として契約する場合、一人親方の実態に応じた保険に加入すること。

働き方自己診断チェックリスト

働き方自己診断チェックリスト

記　　入　　日[1]：＿＿＿年＿月＿日
チェックリスト記入者：＿＿＿＿＿＿＿＿＿
契約の相手方／担当者[2]：＿＿＿＿＿＿＿＿

Point 1　依頼に対する諾否

仕事先から仕事を頼まれたら、
断る自由はありますか？

A □ 自分に断る自由がある
B □ 自分に断る自由はない

Point 2　指揮監督

日々の仕事の内容や方法はどのように
決めていますか？

A □ 毎日の仕事量や配分、進め方は、基本的に自分の裁量で決定する
B □ 毎日、会社から仕事量や配分、進め方の具体的な指示を受けて働く

Point 3　拘束性

仕事先から仕事の就業時間
（始業・終業）を決められていますか？

A □ 基本的には自分で決められる
B □ 会社などから具体的に決められている

Point 4　代替性

あなたの都合が悪くなった場合、頼まれた仕事を
代わりの人に行わせることはできますか？

A □ 代役を立てることも認められている
B □ 代役を立てることは認められていない

Point 5　報酬の労務対償性

あなたの報酬（工事代金又は賃金）は
どのように決められていますか？

A □ 工事の出来高見合い
B □ 日や時間あたりいくらで決まっている

Point 6　資機材等の負担

仕事で使う材料又は機械・器具等は
誰が用意していますか？

A □ 自分で用意している
B □ 会社が用意している

Point 7　報酬の額

同種の業務に従事する正規従業員と比較した場合、
報酬の額はどうですか？

A □ 正規従業員よりも高額である
B □ 正規従業員と同程度か、経費負担を引くと同程度よりも低くなる

Point 8　専属性

他社の業務に従事することは可能ですか？

A □ 自由に他社の業務に従事できる
B □ 実質的に他社の業務を制限され、特定の会社の仕事だけに長期にわたって従事している

働き方自己診断チェックリストは、現場作業に従事する際の実態を確認するため、以下の者が使用することを想定している。
①雇用契約を締結せず建設工事に従事する一人親方　②一人親方と直接、請負契約を締結する建設企業
記入者が①の場合
1　契約する工事毎に当該工事を完成させる際の働き方を確認する。2　請負契約を締結している建設企業名及び担当者名を記入する。
記入者が②の場合
1　工事を発注する前に当該一人親方の働き方を確認する。2　一人親方の氏名を記入する。

（注意）
・働き方自己診断チェックリストで働き方を確認した結果、Bが多く当てはまる場合は、雇用契約の締結を検討する。
・記入者は元請企業等に働き方自己診断チェックリストを提出する。なお、電子媒体での提出を可能とする。

出典：国土交通省

6 社会保険未適用事業所の課題と適用拡大

社会保険の未加入対策については、「下請指導ガイドライン」で示されたほか、国や都道府県などの公共事業入札においても対応措置がとられています。同時に経営事項審査においても、一次下請だけではなく二次以降の下請についても社会保険加入を必須とし、社会保険未加入企業への減点措置を明確化するなどにより一層の加入促進措置が進められています。未だ社会保険に未加入の事業所については、次のような問題があり、早急な対応が求められています。

1 社会保険未加入企業の問題

① 元請に提出する施工体制台帳、作業員名簿等へ記載ができない
② 経営事項審査において減点される
③ 競争入札に参加できない
④ 建設業の許可がされない
⑤ 建設業許可の更新ができない
⑥ 下請に選定されない

なお、令和元年6月に成立した建設業法、入札契約適正化法および品確法の改正により、社会保険の加入が建設業許可および更新の要件とされました。また、国交省直轄工事においては、二次下請以下についても社会保険加入の確認書類が猶予期限内に提出されない場合は、元請会社に対し制裁金（当該下請金額の5％）、指名停止、工事成績評定の減点

などの措置が行われています。

　建設業許可を持たず、下請仕事のみしてきたケースでは、社会保険未適用となっている事業所もあると思われますが、事業を継続していく場合は、業界全体の状況からして早急な対応が必要です。

　社会保険未適用のまま経過してきた事業所にあっては厳しい課題もありますが、必要な対応はしていかなければなりません。

　未だ社会保険の適用を受けていない事業所では、通常、事業主および従業員の双方に課題があります。

　事業所としての最大の課題は保険料の負担です。これについてはガイドラインにおいて、法定福利費として見積書等においてあらかじめ元請会社に示しておくことで確保することとされていますが、請求、支払いとも十分に履行されていないのが現状です。

　従業員の加入拒否については、従業員が制度を正確に理解していないということも要因の1つです。例えば傷病手当金、障害年金、遺族年金の給付内容について、または遺族厚生年金および障害厚生年金は、厚生年金の加入期間が1カ月でも300月加入していた、と仮定した給付が受けられることなどについての知識がないために、加入を拒否していることが考えられます。また、今から加入しても老齢年金の受給要件を満たせないから加入したくないという場合もあります。まずは、受給要件を満たすための期間が従前の25年から10年に短縮されていること、10年には任意加入期間も含まれること、原則70歳まで加入できること等を説明して従業員の理解を促す必要があります。

　また、一次下請の会社が再下請を使用している場合、再下請会社の社会保険加入についての指導は一次下請の会社が行わなくてはなりません。自社の従業員および再下請会社の従業員を集めた説明会を開くなどにより指導します。

　なお、従業員についても社会保険料の負担の話は避けて通れません。この理解が浅いまま社会保険に加入させた場合、社会保険料控除後の給料の手取り額を見て、急に所在不明になった、退職者が多発したなどと

いうことも起きています。将来の保障より、今の手取りが大事と考える従業員が多いのも事実です。事前に保険料計算書（手取り額の試算を含む）などを示したうえで説明し理解を促すことが重要です。

2 社会保険の適用拡大

パート・アルバイトなどの短時間労働者の社会保険への適用（社会保険に加入させること）が、順次拡大されています。

【原則的な要件】

　以下の2つの要件を満たすこと

　①　週の所定労働時間が正社員の4分の3以上

　②　月の所定労働日数が正社員の4分の3以上

【適用拡大要件】

　以下の4つの全ての要件を満たすこと。

　①　週の所定労働時間が20時間以上

　②　2カ月を超える雇用の見込みがある

　③　賃金が月額8.8万円以上

　④　学生ではない

適用拡大要件に該当する短時間労働者を社会保険に加入させる必要がある会社（特定適用事業所）は、企業規模（従業員数）に応じて段階的に拡大されてきています。

平成28年（2016年）10月以降：従業員数501人以上

令和4年（2022年）10月以降：従業員数101人以上

令和6年（2024年）10月以降：従業員数51人以上

※従業員数は、適用前時点の社会保険加入者数

※　**任意特定適用事業所**

　　100 人以下の事業所（令和 6 年 1 月現在令和 6 年 10 月以降 50 人以下）でも、被保険者となる従業員の同意を得て、「任意特定適用事業所」の申出ができます。任意特定適用事業所になると、適用拡大要件を満たす短時間労働者を社会保険に加入させることができるようになります。

【実務上のポイント】

①　未加入事業者は、建設業の許可・更新ができない、経営事項審査において減点があること等につき理解すること。

②　新たに社会保険に加入する従業員については、保険料負担についての十分な説明をし、理解を促すこと。

③　社会保険の適用拡大が段階的に進んでおり、パート・アルバイトの働き方に注意が必要となること。

7 | 日々雇用者・季節的雇用者

1 | 日々雇われる労働者

① 健康保険

日々雇用される者で、以下のいずれかに該当したものは、日雇特例被保険者制度の適用となる可能性があります。

日雇特例被保険者になる人

---

a) 日々雇い入れられる人
b) 2カ月以内の期間を定めて使用される人
c) 4カ月以内の季節的業務に使用される人
d) 6カ月以内の臨時的事業の事業所に使用される人

保険料は保険料額表にあてはめ、その等級に応じて金額が決まります。事業主と被保険者の保険料負担は事業主負担のほうが多く、等級区分ごとに定められています。

手続きは労働者本人が居住する地域の年金事務所等に申請を行い日雇特例被保険者手帳の交付を受け、働いた日ごとに、事業主が等級区分に応じた保険料を徴収し、その手帳に印紙を貼付していきます。

②　雇用保険

　日々雇用される者、30 日以内の期間を定めて雇用される者で、次の
いずれかに該当するものについては、雇用保険において日雇労働被保険
者となる可能性があります。

│ 日雇労働被保険者になる人

---

a)　適用区域内に居住し、適用事業に雇用される人
b)　適用区域外の地域に居住し、適用区域内にある適用事業に雇
　　用される人
c)　ハローワークの所長の認可を受けた人

　ただし、連続 2 カ月以上同一の事業主に 18 日以上雇用される者は、
一般被保険者となります。

　保険料は、賃金日額に応じた印紙等級が定められており、等級ごとに
事業主と被保険者の折半となります。

　手続きは労働者本人が行い日雇労働被保険者手帳の交付を受けます。
賃金の支払いを受けるごとに、事業主は等級区分に応じた保険料を徴収
し、その手帳に印紙を貼付します。

　なお、印紙は事業主が郵便局で購入します。印紙の管理は厳格に行う
必要があり、印紙購入手帳の交付など必要な手続きも様々ありますので、
管轄の行政と相談しながら行います。

　また、日雇労働者であっても会社にはマイナンバーの収集義務があり
ますので注意が必要です。

2 │ 季節的に雇用される労働者

　いわゆる出稼ぎ労働者など、週所定労働時間数が30時間以上で、4カ月を超えて1年未満の期間で季節的に雇用される従業員は、雇用保険において短期雇用特例被保険者となります。手続きには、資格取得届、雇用契約書のほか、出稼労働者手帳が必要です。出稼労働者手帳は、被保険者となる本人が事前に住所地（都市部では発行されません）のハローワークもしくは自治体にて交付してもらう必要があります。また、1年以上雇用される場合は、季節的雇用とはならず、一般被保険者となりますので注意が必要です。なお、4カ月以内の雇用の場合、雇用保険の被保険者とはなりません。

【実務上のポイント】

① 　印紙の取扱いは厳重な管理を要するため、事業主は事前にその対策について行政と相談すること。

② 　出稼労働者手帳は、出稼ぎ労働者であっても、都市部に住民票を移動している人には交付されない。

③ 　出稼労働者手帳は、本人が住所地にて事前に交付を受けること。

第 7 章

建設業における
労災保険・雇用保険

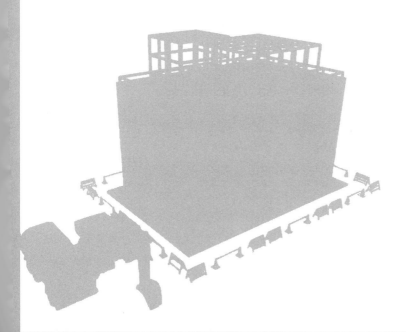

1 保険関係の成立

　事業を開始すると、その事業が開始された日に保険関係が成立します（※）。その事業の名称・所在地・業種等について保険関係が成立した日の翌日から10日以内に所轄労働基準監督署（以下、「労基署」という）に保険関係成立届を提出し、労働保険番号の振出しを受けます。

　なお、労働保険番号を見れば、どのような労働保険の成立状況なのかが確認できます。労働保険番号がわからない場合などは、厚労省の「労働保険適用事業場検索」（検索名）で、現在の労働保険の適用状況を確認することができます。

　労働保険番号は、都道府県＋所掌＋管轄＋基幹番号＋枝番号の14桁で構成されています。

　建設業の場合、現場労災保険と雇用保険、事務所労災という複数の労働保険番号を持つところが、建設業以外の業種（林業除く）との大きな違いです。このような事業を二元適用事業と呼んでいます。

　※　労働保険の保険料の徴収等に関する法律3条、4条

建設業における労働保険番号の構成

都道府県（２桁）	都道府県労働局ごとの番号
所　掌（１桁）	１　労働基準監督署経由番号
	３　公共職業安定所経由番号
管　轄（２桁）	労働局内ごと管轄する監督署・安定所を指す番号
基幹番号（６桁）	≪先頭の数字≫
	６　一括有期事業
	９　事務組合に委託
	≪２桁〜５桁≫
	０００１〜２９９９－労基署振出 ３０００〜９９９９－職安振出
	≪末尾の数字≫
	０または１　一元適用事業
	２または３　二元の雇用保険
	５　現場労災
	６または７　事務所労災等
	８　一人親方、海外派遣等の特別加入
枝　番（３桁）	０００　個別加入
	単独有期事業、または事務組合に委託している場合は番号が振り出される

2 | 元請の労災保険

1 | 事業の種類

　建設の事業は、大きく分けて下記の8事業に分類されています。労働保険は業種ごとに労働保険料の料率等が異なっており、労働保険の成立手続の際には、その業種を記載して届出をします。

建設事業の種類（8事業）

> ①水力発電施設、ずい道等新設事業、②道路新設事業、③舗装工事業、④鉄道又は軌道新設事業、⑤建築事業（既設建築物設備工事業を除く）、⑥既設建築物設備工事業、⑦機械装置の組立て又は据付の事業、⑧その他の建設事業

　上記を参考に受注した事業ごとに工事の内容を確認して、その内容に適した事業の種類を申告し、労働保険の成立をする必要があります。どのような工事がどの事業の種類に当てはまるのかは、労災保険率適用事業細目表で確認ができます。詳細については、『労災保険適用事業細目の解説』（労働新聞社編）などが参考になります。

　なお業種の設定にあたっては、通常は既設建築物設備工事業（38）にあたる設備工事であっても、建築物の新設に伴って行われる工事は、建築事業（35）にあたりますので注意が必要です。

　また、造園業については、庭園等の建設事業であれば、建築事業（35）です。しかし、庭園樹の植樹、庭園の手入れ等を行う事業は、農業（95）

の植物の植栽に含まれます。この植物の植栽の事業に該当するには、重機を用いた土木工事を伴わず、刃物または手工具のみを用いて樹木の植栽または剪定を行う事業である、という前提があります。造園業では公園やマンションの庭園等の管理・保守業務を通年契約で受注することもありますが、受注した事業がこれらの何にあたるのかは、事業の実態に照らして慎重に検討する必要があります。

　なお、一括有期事業において、工事の業種が複数存在する場合は、主たる業種で成立させ、年度更新（240頁）における労働保険料の申告にあたっては、事業の種類ごとに分けて保険料の計算をすることになります。

2 　有期事業の一括手続

　請負金額（税抜）が1億8,000万円未満で、かつ、概算保険料額が160万円未満の事業が複数ある場合は、そのすべてを1つの事業として一括し、保険関係を成立させます。

　保険関係成立届は、一括予定の有期事業について、最初に着手した日から10日以内に所轄労基署に提出します。

　なお、この一括有期事業の労働保険番号は継続事業の扱いとなっているため、有期事業でありながら他の継続事業と同様に事業が継続している限り使用する番号となります。

　また、成立時の内容から変更があった事項については、変更があった日から10日以内に名称所在地変更届を提出します（※一括有期事業の地域要件と一括有期事業開始届は、平成31年4月1日を以て廃止されました）。

3 単独有期事業に関する手続き

　前記2に該当しない有期事業は、単独有期事業として現場ごとに労働保険を成立させ保険料の概算・確定申告をします。

　労働保険成立届は、事業を開始した日から10日以内に所轄労基署に提出をします。保険関係が成立した日から50日以内に概算保険料の申告・納付を行うことになっていますが、実務上は成立届と同時に提出することが多いものと思われます。

　なお工期等が変更になった場合は、変更になった日から10日以内に、名称、所在地等変更届により変更届を提出します。

　工事が終了し、保険関係が消滅したときは消滅日から50日以内に、概算・増加概算・確定保険料申告書（有期事業）に廃止年月日を記載して提出をし、保険料の清算（納付または還付）をして一連の手続きが終了となります。

　なお平成31年3月までは、一括有期事業にあたる工事についても、便宜上、単独有期事業として保険関係を成立させることができていました。しかし、平成31年4月に一括有期事業の地域要件が廃止された関係で、1億8,000万円未満の工事を単独で成立させる場面が発生し得なくなったため、この取扱いはできなくなりました。

4　共同企業体（ＪＶ）の成立

　共同企業体とは、建設の事業において、その全構成員が各々資金、人員、機械等を拠出して、共同計算により工事を施工する共同施工方式の受注形態のことをいいます。

　なお保険関係は、共同企業体が行う事業の全体を一の事業とし、その代表者を事業主として成立します。

　保険関係成立届の提出は、代表企業の事業主のみが行います。各記載事項は、通常の有期事業と同様の記載方法で差支えありません。事業主押印欄に、共同企業体名および代表事業主であることの記名および押印をして提出することで共同企業体としての届出となります。

3 下請の労災保険

　建設の事業が数次の請負によって行われるときは、原則として、元請事業のみをその工事における事業主として取り扱います（請負事業の一括適用。労働保険の保険料の徴収等に関する法律（以下、「徴収法」という）8条）。これは、労災保険にかかる保険関係についてのみ適用されます。安全衛生や雇用保険など、労災保険以外の他の法律にはない考え方ですので混同しないよう注意が必要です。

　例えば、下請会社の従業員について、業務災害が起きた際の労災保険は、元請事業の労災保険の適用を受けますが、労働者死傷病報告の報告義務者は被災労働者が所属する下請会社となります。なお、下請事業しかなく資材置き場もない、事務員などもいない会社なら、自社で労災の保険関係を成立する必要はありません。そのため自社の労災の労働保険番号は持たず、雇用保険にかかる労働保険番号のみ成立させ適用します。

　しかし、実務においては元請会社等から、労災保険の加入や保険料の未納がないことの行政の証明などを求められて、非常に困ることがあります。なぜなら、下請事業しかない会社は労災の労働保険番号を成立させる必要がないため、これらを提出することができないからです。その場合は、自社を元請とする工事の受注を予定して労働保険の成立をすることで対処することがあります。また、所掌3の雇用保険にかかる労働保険番号のみ持っている会社や、基幹番号末尾6の事務所労災の番号を持っている会社は、それらの番号についての証明でもよいかを元請会社に確認してもよいでしょう（231頁参照）。なお、労災加入関係の各種証明書は、労働局または労基署で証明印を受けられます。その取扱いは労働局ごとに違いがありますので、事前に確認する必要があります。

4 事務所の労災保険

　現場以外に事務所または資材置き場がある場合などは現場労災とは別に事務所労災の保険関係を成立させる必要があります。仮に自社の資材置き場で事故が起きた場合、特定の元請事業の下請事業として資材置き場で準備していたのであれば、元請事業の労災保険の適用となります。単に資材の整理をしていたなどの場合なら、自社の事務所労災を使用します。

【実務上のポイント】
① 　元請事業がない場合でも元請の求めに応じて労働保険の成立が必要となる場合がある。
② 　労働保険の成立や保険料の納付に関する証明は労働局もしくは労基署で行っている。
③ 　事務員である労働者がいない場合でも、資材置き場がある場合など、基幹番号末尾6または7のいわゆる事務所労災の成立が必要となる場合がある。

---

5 | 法定外労災補償制度

　労災保険制度は労働者災害補償保険法（以下、「労災保険法」という）にもとづく強制（法定）制度ですが、最近では、それに上乗せする任意の法定外労災補償制度を取り入れる会社が増えています。法定外労災補償制度とは、民間の保険会社と、労災保険法の補償に上乗せする傷害保険を契約するもので、一般的には「労災上乗せ保険」「労働災害総合保険」等と称されています。

　この保険は掛け捨て型の損害保険となるため原則として、損金処理（いわゆる全損処理）の対象とされています。なお、任意保険ですので補償内容や要件等の契約内容は会社の判断になります。

　この法定外労災補償制度を取り入れる会社が増えている主な理由は以下の通りです。

　第1は、技能者の定着を図り、若者の入職を促すためには「ケガと弁当は自分持ち」とされてきた建設業界の古い体質から脱却し、安全対策と福利厚生の充実が必要と考える会社が増えていることです。

　第2は、死亡災害等の重大災害の被災者や遺族が、会社の安全配慮義務違反等を理由として民事損害賠償を求めるケースが増えていることです。このリスクへの備えとして法定外労災補償保険に加入する会社が増えています。

　ちなみに、死亡災害の原因に安全配慮義務違反があったとされた例では会社に高額の賠償を命じる裁判例（※）も出ています。

　第3は、公共事業の経営事項審査（労働福祉の状況）において、法定外労災補償制度が加点対象とされていて、制度を取り入れている場合は加点されるメリットがあり、国交省も推奨していることがあります。

※　Ｏ（オー）技術（労災損害賠償）事件（福岡高那覇支判。平19.5.17）
　……安全配慮義務違反で元請会社に4,341万円の支払いを命じた。

　　┈┈┈┈【実務上のポイント】
①　法定外労災補償保険の保険料は一般的には直近の年間売上
　高で算出する。そのため原則として、売上高が伸びるほど保
　険料が高くなっていく仕組みとなっている。
②　経営事項審査で加点対象となる法定外労災補償保険は以下
　の要件をすべて満たしていることとされている。
　　ａ）　業務災害と通勤災害を担保していること。
　　ｂ）　死亡災害と障害等級１級〜７級が補償されていること。
　　ｃ）　自社従業員に加え下請従業員も対象になっていること。
　　ｄ）　すべての工事が補償対象工事となっていること。

6 労働保険の年度更新

　単独有期事業は、工事の開始ごとに保険関係が成立し、工事の終了ごとに保険関係が消滅するため、その都度、保険料の概算・確定申告を行います。

　他方、一括有期事業は前述の通り継続した事業の取扱いとなるため、一般的な継続事業と同様に年度更新の対象となります。ただし、その申告の方法は他の一般的な事業とは大きく異なります。

　まず、申告の対象となるのは元請事業のみです。下請事業として行った工事分については、請負事業の一括により取り扱いますので、下請事業での申告は不要です。

　また、建設の事業では、一括適用の関係から賃金総額を正確に算定することが困難です。その場合、税抜きの請負金額に業種ごとに設定された労務費率を乗じた額を賃金総額とみなして、そこに労働保険料率をかけて算定する特例が認められています（請負金額×労務費率×労働保険料率）。特例とはいえ、一般的には、この算定方法を用いて申告することがほとんどです。

　また、申告書を提出する際は、一括有期事業報告書・総括表および概算・確定保険料申告書のすべてを提出します。

　なお、翌年度に元請事業が発生する見込みがないような場合は、原則としてその保険番号は廃止することになります。しかし、実務上は成立と廃止を繰り返すのではなく、仮に元請事業が発生することと仮定した概算保険料を申告して、番号を廃止せず継続させる手続きをとることがあります。

労災保険率表

（単位：1/1,000）　　　　　　　　　　　　　　　　　　　　　　　　　（令和6年4月1日施行）

事業の種類の分類	業種番号	事業の種類	労災保険率
林　　　　　業	02又は03	林業	52
漁　　　　　業	11	海面漁業（定置網漁業又は海面魚類養殖業を除く。）	18
	12	定置網漁業又は海面魚類養殖業	37
鉱　　　　　業	21	金属鉱業、非金属鉱業（石灰石鉱業又はドロマイト鉱業を除く。）又は石炭鉱業	88
	23	石灰石鉱業又はドロマイト鉱業	13
	24	原油又は天然ガス鉱業	2.5
	25	採石業	37
	26	その他の鉱業	26
建　設　事　業	31	水力発電施設、ずい道等新設事業	34
	32	道路新設事業	11
	33	舗装工事業	9
	34	鉄道又は軌道新設事業	9
	35	建築事業（既設建築物設備工事業を除く。）	9.5
	38	既設建築物設備工事業	12
	36	機械装置の組立て又は据付けの事業	6
	37	その他の建設事業	15
製　　造　　業	41	食料品製造業	5.5
	42	繊維工業又は繊維製品製造業	4
	44	木材又は木製品製造業	13
	45	パルプ又は紙製造業	7
	46	印刷又は製本業	3.5
	47	化学工業	4.5
	48	ガラス又はセメント製造業	6
	66	コンクリート製造業	13
	62	陶磁器製品製造業	17
	49	その他の窯業又は土石製品製造業	23
	50	金属精錬業（非鉄金属精錬業を除く。）	6.5
	51	非鉄金属精錬業	7
	52	金属材料品製造業（鋳物業を除く。）	5
	53	鋳物業	16
	54	金属製品製造業又は金属加工業（洋食器、刃物、手工具又は一般金物製造業及びめっき業を除く。）	9
	63	洋食器、刃物、手工具又は一般金物製造業（めっき業を除く。）	6.5
	55	めっき業	6.5
	56	機械器具製造業（電気機械器具製造業、輸送用機械器具製造業、船舶製造又は修理及び計量器、光学機械、時計等製造業を除く。）	5
	57	電気機械器具製造業	3
	58	輸送用機械器具製造業（船舶製造又は修理業を除く。）	4
	59	船舶製造又は修理業	23
	60	計量器、光学機械、時計等製造業（電気機械器具製造業を除く。）	2.5
	64	貴金属製品、装身具、皮革製品等製造業	3.5
	61	その他の製造業	6
運　　輸　　業	71	交通運輸事業	4
	72	貨物取扱事業（港湾貨物取扱事業及び港湾荷役業を除く。）	8.5
	73	港湾貨物取扱事業（港湾荷役業を除く。）	9
	74	港湾荷役業	12
電気、ガス、水道又は熱供給の事業	81	電気、ガス、水道又は熱供給の事業	3
そ　の　他　の　事　業	95	農業又は海面漁業以外の漁業	13
	91	清掃、火葬又はと畜の事業	13
	93	ビルメンテナンス業	6
	96	倉庫業、警備業、消毒又は害虫駆除の事業又はゴルフ場の事業	6.5
	97	通信業、放送業、新聞業又は出版業	2.5
	98	卸売業・小売業、飲食店又は宿泊業	3
	99	金融業、保険業又は不動産業	2.5
	94	その他の各種事業	3
	90	船舶所有者の事業	42

労務費率表

事業の種類 の分類	業種 番号	事 業 の 種 類	労務費率
建 設 事 業	31	水力発電施設、ずい道等新設事業	19%
	32	道路新設事業	19%
	33	舗装工事業	17%
	34	鉄道又は軌道新設事業	19%
	35	建築事業（既設建築物設備工事業を除く。）	23%
	38	既設建築物設備工事業	23%
	36	機械装置の組立て又は据付けの事業 　　組立て又は取付けに関するもの 　　その他のもの	 38% 21%
	37	その他の建設事業	23%

> **【実務上のポイント】**
>
> ①　複数の職種の工事を行っている建設の事業は主な職種について労働保険の成立をし、年度更新の際は、業種ごとに一括有期事業報告書を作成する。
>
> ②　翌年度に元請工事の予定がない場合でも、実務上は概算保険料の申告をして、番号を廃止せずに継続させることがある。

7 | 中小事業主等の特別加入（第1種特別加入）

　下請事業の従業員には元請事業の労災保険が適用されるため、特に従業員と変わらずに働いている下請事業の役員などは、自身にも元請事業の労災保険が適用されると勘違いしているケースもありますので注意が必要です。労災保険は従業員のみを対象としているため、個人事業主や法人の代表者および法人の役員等については元請、下請を問わず補償の対象外です。これらの中小事業主等の場合、従業員と同様に働いていることも少なくないため、建設の事業で年間延べ100日以上従業員を使用することが見込まれる中小事業主等の保護のために、特別加入制度があります。

　建設業において中小事業主等とは、常時使用する労働者が300人以下の事業主（事業主が法人等である場合はその代表者）です。

　労働者を通年雇用しない場合であっても、1年間に100日以上労働者を雇用している場合は、常時労働者を使用しているものとして取り扱われます。この日数は、1つの会社に複数の事業場がある場合は、全事業場に使用される労働者数の合計人数で考えます。なお、中小事業主等の特別加入が認められた場合、その事業に従事する労働者以外の者（役員、家族従事者等）は原則として全員が特別加入することになります。

　この制度は加入が任意の保険で、従業員と同じように仕事をしているときの事故等に対し補償されます。給付の内容は、従業員の労災と同様ですが、給付基礎日額は3,500円〜25,000円の範囲で任意に設定した日額となります。

　最近では、元請会社の意向によりこの特別加入をしていないと現場に入場できないことが多くなっています。現場に入場するためだけに特別

加入することも多いため、給付基礎日額を低く設定しているケースが目立ちますが、元請事業の労災保険は使えないということと併せて、元請会社が給付基礎日額の最低ラインを設けている場合なども稀にありますので注意が必要です。

　なお、特別加入をするには事務組合に委託することが必須ですが、委託には給付基礎日額に応じた労働保険料のほかに、入会金、年会費などの費用が発生します。この費用は事務組合ごとに設定していますので、各事務組合に確認が必要です。

8 | 一人親方の特別加入
（第2種特別加入）

　一人親方とは、主に従業員を使用せず事業を営んでいる職人等のことを指しています。この一人親方にも中小事業主と同様に、現場に入るにあたっての補償として特別加入制度があります。この制度に加入できるのは、従業員として使用される日数が年間延べ100日未満である職人等です。

　一人親方の特別加入制度も、中小事業主の特別加入と同様に、これに加入していないと現場に入場できないことが多くなっています。自身としては民間保険会社等で加入している傷害保険等で対策をしていたとしても、元請会社の意向により、特別加入が事実上の請負契約条件となっているケースです。

　特別加入に伴う保険料負担を嫌って職人が他の現場に行ってしまうなどの心配がある場合は、依頼した会社がその費用を負担することで加入を促すこともあるようです。

　なお、一人親方の労災事故では、元請事業の労災保険は使用できません。また、仮に死亡事故が起きても、従業員でなければ安衛法に定める労働者死傷病報告を出す必要もありませんし、労災事故が起きた現場というカウントもされません（実際には、任意に元請会社が報告をすることもあります）。

　しかし、一人親方についても安衛法の改正による法的義務が生じており（282ページ参照）、また、被災者が雇用労働者でなかったとしても、現場の作業環境に問題があった場合、民事での損害賠償責任が生じることは十分にあり得ます。労災保険が使えないということは、その賠償責任の全額を、元請会社と下請会社で補償する責任が生じます（労災保険

給付を受ける場合は、一般的には、労災保険で補償された額（※）を賠償額から控除できます）。これによって元請会社に多大な被害を生じさせることにもなりかねません。もし、作業員が、実態は雇用労働者であるにもかかわらず一人親方扱いになっているケースがある場合は、この危険性について考慮し、個々の事情に応じた適切な対応をとる必要があります。

※　補償された額から特別給付金に係る給付を除いた額

特別加入保険料率表

第二種特別加入保険料率（令和6年4月1日施行）		（単位：1/1,000）
事業又は作業の種類の番号	事　業　又　は　作　業　の　種　類	第二種特別加入保険料率
特　1	労働者災害補償保険法施行規則（以下「労災保険法施行規則」という。）第46条の17第1号の事業（個人タクシー、個人貨物運送業者、原動機付自転車又は自転車を使用して行う貨物の運送の事業）	11
特　2	労災保険法施行規則第46条の17第2号の事業（建設業の一人親方）	17
特　3	労災保険法施行規則第46条の17第3号の事業（漁船による自営業者）	45
特　4	労災保険法施行規則第46条の17第4号の事業（林業の一人親方）	52
特　5	労災保険法施行規則第46条の17第5号の事業（医薬品の配置販売業者）	6
特　6	労災保険法施行規則第46条の17第6号の事業（再生資源取扱業者）	14
特　7	労災保険法施行規則第46条の17第7号の事業（船員法第一条に規定する船員が行う事業）	48
特　8	労災保険法施行規則第46条の17第8号の事業（柔道整復師）	3
特　9	労災保険法施行規則第46条の17第9号の事業（創業支援等措置に基づく事業を行う高年齢者）	3
特10	労災保険法施行規則第46条の17第10号の事業（あん摩マツサージ指圧師、はり師又はきゆう師）	3
特11	労災保険法施行規則第46条の17第11号の事業（歯科技工士）	3
特12	労災保険法施行規則第46条の18第1号ロの作業（指定農業機械作業従事者）	3
特13	労災保険法施行規則第46条の18第2号イの作業（職場適応訓練受講者）	3
特14	労災保険法施行規則第46条の18第3号イ又はロの作業（金属等の加工、洋食器加工作業）	14
特15	労災保険法施行規則第46条の18第3号ハの作業（履物等の加工の作業）	5
特16	労災保険法施行規則第46条の18第3号ニの作業（陶磁器製造の作業）	17
特17	労災保険法施行規則第46条の18第3号ホの作業（動力機械による作業）	3
特18	労災保険法施行規則第46条の18第3号への作業（仏壇、食器の加工の作業）	18
特19	労災保険法施行規則第46条の18第2号ロの作業（事業主団体等委託訓練従事者）	3
特20	労災保険法施行規則第46条の18第1号イの作業（特定農作業従事者）	9
特21	労災保険法施行規則第46条の18第4号の作業（労働組合等常勤役員）	3
特22	労災保険法施行規則第46条の18第5号の作業（介護作業従事者及び家事支援従事者）	5
特23	労災保険法施行規則第46条の18第6号の作業（芸能関係作業従事者）	3
特24	労災保険法施行規則第46条の18第7号の作業（アニメーション制作作業従事者）	3
特25	労災保険法施行規則第46条の18第8号の作業（情報処理システムの設計等の情報処理に係る作業従事者）	3

9 特別加入の手続き

　中小事業主や家族従事者および一人親方が労災保険に加入することができる特別加入は、労働保険事務組合を経由して行います。個別に労基署で手続きすることはできません。

　労働保険事務組合とは、事業主の委託を受けて事業主が行うべき労働保険の事務を処理することについて厚生労働大臣の認可を受けた中小事業主等の団体です。

　労働保険事務組合に労働保険の事務処理を委託するには、まず「労働保険事務委託書」を労働保険事務組合に提出します。委託するためには、入会金、年会費などの費用が発生することがほとんどですが、その費用は団体ごとに異なりますので、確認が必要です。

　委託できる事業主は常時使用する労働者が300人以下の事業主です。委託できる業務の範囲は次の通りです。

　なお、給付に関する事務は委託業務に含まれません。

労働保険事務組合に委託できる業務の範囲

① 概算保険料、確定保険料などの申告および納付に関する事務
② 保険関係の成立届、任意加入の申請、雇用保険の事務所設置届の提出等に関する事務
③ 労災保険の特別加入の申請等に関する事務
④ 雇用保険の被保険者に関する届出等の事務
⑤ その他労働保険についての申請、届出、報告に関する事務

事務組合に事務を委託した場合は、労働保険料の額にかかわらず、3回までの延納が可能となります。

なお、年度更新の時期も個別に成立している事業とは異なり、賃金等の報告は4月または5月に提出する必要がありますので注意が必要です。

また、特別加入は遡って加入することはできません。なお、以下の場合には、特別加入前に健康診断を受ける必要があります。

特別加入の前に健康診断の受診が必要な業務

特別加入予定の業務の種類	特別加入前に左記業務に従事した期間
粉じん作業を行う業務（※）	3年
身体に振動を与える業務	1年
鉛業務	6カ月
有機・特別有機溶剤業務	6カ月

※　業務歴における「粉じん作業」とは、じん肺法施行規則2条別表で定められている作業を示しています。

【実務上のポイント】

①　特別加入の時期は遡ることができない。

②　中小事業主等の特別加入は、原則として役員、家族従事者等、労働者以外の全員が加入することとなる。

③　特別加入の制度では、労働者と同様に勤務し、同様の仕事等によって被災した場合に対し補償される。

④　労働者を年間延べ100日以上雇用していれば、労働者を常時使用している取扱いとなり、年間延べ100日未満の雇用であれば労働者を常時使用していないという取扱いとなる。

⑤　事務組合に事務委託をした場合の労働保険料は、概算保険料額にかかわらず3回まで延納できる。

⑥　特別加入者の労災保険給付手続は、労働者の給付手続と同様であるが元請の証明も必要となるケースがある。

| コラム⑨ | 労災保険の後遺症と裁判実務

　裁判では労災保険が認定した後遺症等級が争われるケースがあります。

　裁判でも後遺症の内容を確定し損害額を計算するのですが、当事者の双方または一方が労災保険の後遺症等級に不服がある場合には、裁判所による鑑定で後遺症等級を確定するということもあります。

　例えば、労災保険と自賠責保険とが重畳的に適用される労災事故の場合に、判断権者によって異なる後遺症等級が認定される例も結構あるのです。

　裁判所による鑑定の実施には裁判所の判断が必要です。裁判所が鑑定を実施すると決めた場合、実務上、一時的には鑑定に掛かる費用は鑑定を希望する者が負担することが多いと考えられます。具体的には、労災保険が認定した後遺症等級に疑義があるほうが申し立てることが考えられます。

　会社側も費用を負担することを覚悟しておく必要があるでしょう。ただし、最終的に判決となれば鑑定費用は訴訟費用の負担として、負担する者が決定しますが、現実には回収できるかどうかわかりません。裁判所鑑定が実施される場合、鑑定費用としての予納金は数十万円になることもあり、注意が必要です。

[第8章]

労災事故と安全管理

1 | 予防体制の重要性

1 | 労働災害の防止

　建設業を営む以上は、労災事故への対応を避けて考えることはできません。労働災害が発生する背景には、物理的要因である不安全状態と人的要因である不安全行動があります。この不安全状態と不安全行動の予知に不十分な点があることが安全管理上の欠陥です。日常において偶然に保たれていたこれらのバランスが崩れた場合、事故が発生すると考えられます。人の不注意で労災事故が発生することはよくあります。では、人の不注意が労災事故の原因の根本なのかといえば、そうではありません。なぜ、そのミスが起きたのか、どうしたら人のミスを防ぐことができるのか、それを先回りして考えることが、労働災害防止の観点では非常に重要です。

2 | 事故が起きる前の準備

　不慮の大事故に備えて、必要と思われる事項についてリストアップします。

① 緊急連絡先一覧表の作成

　災害が発生した時点で、通報先を調べる余裕は意外とないものです。事前に消防署、病院、警察、電力会社、水道局、ガス会社、所轄労基署、発注者などは、連絡先、連絡方法を調べておきます。

②　救急用具の備付けに関すること

　救急用具の備付場所の工夫、作業員への周知、定期的な点検に関することについても定めます。

③　事故が発生した場合の役割分担

　被災者の救助の指示を出す人、会社の担当部署、行政などに連絡する人などの担当を決めます。その場合は、メインとサブのそれぞれについて2名以上の体制とし、不測の事態に備えます。

2 労災事故への対応

1 労災事故発生の報告を受けた際のアドバイス

まず、被災労働者の救助をしますが、二次被害が発生しないよう細心の注意を払う必要があります。そのためには、現場を熟知した人の指示が重要です。

事故の大きさにもよりますが、仮に死亡事故であれば、速やかに労基署へ電話連絡をします。警察は作業を止めて現場検証などを行いますが、労基署への通報が遅いと、後日改めて労基署の現場検証が行われ、その都度現場を止めることになる可能性もあります。なお、警察や労基署が来るまで現場はそのまま保存します。死亡事故以外でも、爆発や移動式クレーンの転倒など、必要に応じて労基署への連絡を入れたほうがよい場合があります。

また、どのような事故であっても、事故現場周辺の状況を確認し、安全を確保します。危険がある場合は不安定要素が改善するまで、一般の作業員は立入禁止にするなどの措置をとります。

労災事故の場合は、事故当時の現場の写真を必ず残します。再発防止対策を講じる前と後の状態を説明できるようにするためです。

2 事故報告の作成・提出

労働安全衛生規則（以下、「安衛則」という）96条で定める一定の事故については、事故報告書（様式第22号）により遅滞なく所轄労基署に報告する義務があります。これに該当する事故は、労基署の調査が入

事故報告書（例）

様式第22号（第96条関係）

事 故 報 告 書

事業の種類	事業場の名称（建設業にあっては工事名併記のこと）	労 働 者 数
建設業	●●建設株式会社　　●●●●設置工事	15　人

事 業 場 の 所 在 地	発 生 場 所
東京都●●区●●　　×－×－× （電話　03－○○○○－○○○○　）	東京都●●区●●　△－△－△の作業現場

発 生 日 時	事故を発生した機械等の種類等
令和○年　○ 月　○ 日　14 時 30 分	積載型トラッククレーン

構内下請事業の場合は親事業場の名称 建設業の場合は元方事業場の名称	●●建設工業株式会社

事 故 の 種 類	積載型トラッククレーンの転倒

<table>
<tr><th rowspan="2">人的被害</th><th colspan="2">区　分</th><th>死亡</th><th>休業4日以上</th><th>休業1〜3日</th><th>不休</th><th>計</th><th rowspan="2">物的被害</th><th colspan="2">区　分</th><th>名称、規模等</th><th>被害金額</th></tr>
<tr><td rowspan="2">事故発生事業場の被災労働者数</td><td>男</td><td></td><td></td><td></td><td>1</td><td>1</td><td colspan="2">建　　物</td><td></td><td>円</td></tr>
<tr><td>女</td><td></td><td></td><td></td><td></td><td></td><td colspan="2">その他の建設物</td><td></td><td>円</td></tr>
<tr><td colspan="2" rowspan="2">その他の被災者の概数</td><td colspan="5" rowspan="2">（　　　　　）</td><td colspan="2">機 械 設 備</td><td>クレーン部品</td><td>100万 円</td></tr>
<tr><td colspan="2">原 材 料</td><td></td><td>円</td></tr>
<tr><td colspan="2"></td><td colspan="5"></td><td colspan="2">製　　品</td><td></td><td>円</td></tr>
<tr><td colspan="2"></td><td colspan="5"></td><td colspan="2">そ の 他</td><td></td><td>円</td></tr>
<tr><td colspan="2"></td><td colspan="5"></td><td colspan="2">合　　計</td><td></td><td>100万 円</td></tr>
</table>

事 故 の 発 生 状 況	鉄板（縦1.5m横2.5m総重量500kg）を積載型トラッククレーンの荷台から荷下ろし中、ジブを旋回させた際、バランスを崩し転倒した。
事 故 の 原 因	アウトリガが張り出されていなかったこと
事 故 の 防 止 対 策	作業手順（アウトリガ張り出し）の徹底、有資格者への再教育
参 考 事 項	
報告書作成者職氏名	所長　●●太郎

令和○年　○ 月　○ 日

●●　労働基準監督署長　殿

事業者職氏名

　●●建設株式会社
　代表取締役　●●一郎

備考
1　「事業の種類」の欄には、日本標準産業分類の中分類により記入すること。
2　「事故の発生した機械等の種類等」の欄には、事故発生の原因となった次の機械等について、それぞれ次の事項を記入すること。
　(1)　ボイラー及び圧力容器に係る事故については、ボイラー、第一種圧力容器、第二種圧力容器、小型ボイラー又は小型圧力容器のうち該当するもの。
　(2)　クレーン等に係る事故については、クレーンの種類、型式及びつり上げ荷重又は積載荷重。
　(3)　ゴンドラに係る事故については、ゴンドラの種類、型式及び積載荷重。
3　「事故の種類」の欄には、火災、鎖の切断、ボイラーの破裂、クレーンの逸走、ゴンドラの落下等具体的に記入すること。
4　「その他の被災者の概数」の欄には、届出事業者の事業場の労働者以外の被災者の数を記入し、（　）内には死亡者数を内数で記入すること。
5　「建物」の欄には構造及び面積、「機械設備」の欄には台数、「原材料」及び「製品」の欄にはその名称及び数量を記入すること。
6　「事故の防止対策」の欄には、事故の発生を防止するために今後実施する対策を記入すること。
7　「参考事項」の欄には、当該事故において参考になる事項を記入すること。
8　この様式に記載しきれない事項については、別紙に記載して添付すること。
9　氏名を記載し、押印することに代えて、署名することができる。

る可能性が比較的高いものです。一例を挙げると、火災または爆発の事故、遠心機械ほか高速回転体の破損事故、ボイラーの破裂等、クレーン・デリックの倒壊等、エレベータ・建設用リフト・簡易リフト・ゴンドラのワイヤーロープの切断等などがその例です。この事故報告書は、被災労働者がいない場合でも提出する必要があります。

3 労働者死傷病報告の作成・提出

被災した労働者について4日以上休業する見込みがあるときは、所轄労基署に遅滞なく労働者死傷病報告（様式23号）を提出します。

提出義務者は、被災労働者の所属する事業場の事業主です。下請事業の労働者が被災した場合、事業場の名称には下請の会社名および工事名を記載し、下請において事業主欄に押印し、提出します。ただし、死傷病報告に記載する労働保険番号は原則元請の番号であり、元請の名称も元方事業場の名称欄に記載します。

なお、休業4日未満の場合は、様式24号にて四半期分を取りまとめて7月、10月、1月、4月の末日までにそれぞれ直前の3カ月分の傷病について提出します。

また、死傷病報告は正確には労災事故に限って提出するものではありません。労災事故でない場合でも、事業場内もしくはその付属建設物内において負傷等して、死亡または休業したときは提出しなければならないとされています（安衛則97条）。

労災になるかどうかわからないとして死傷病報告を提出しなかった場合であっても、「労災かくし」などとされて後日トラブルになることがあり注意が必要です。

死傷病報告を提出すると、争いになった際に業務災害だと認めていると思われるのではないか心配だ、という声を聞くことがあります。その場合は、死傷病報告の「災害発生状況及び原因」の欄に、「業務災害という認識は持っていない」旨を追記して提出することが考えられます。

これにより「労災かくし」をするつもりはないという意思の表れとなります。

労災かくしを行った建設会社を書類送検

　高知県の須崎労働基準監督署は、労働者死傷病報告を提出しなかったとして、建設会社と同社作業所長を安衛法 100 条（報告等）違反の疑いで高知地検に書類送検した。令和 4 年 3 月に発生した労働災害について、遅滞なく死傷病報告を提出しなかった疑い。

〈事件の概要〉

　四万十町のトンネル工事現場で発生した事故。労働者が転倒して巻き込まれた別の労働者が右肋骨骨折で 4 日以上の休業をしている。

　同社は、死傷病報告を 1 年半後の令和 5 年 8 月 23 日まで提出していなかった。

　なお、同社については令和 5 年 7 月にも長野県の飯田労基署が書類送検している。令和 5 年 4 月 20 日、飯田市内のトンネル建設工事現場において、労働者が地盤を破壊するためのダイナマイトを挿入する穴を開けていたところ、トンネル壁面上部からコンクリート片が落下してぶつかり、休業 4 日以上の負傷をした。その労災発生から 3 週間後の 5 月 12 日に、元請から同署に災害発生の連絡があり、その 3 日後に死傷病報告が提出された。同署は労災を隠す意図は明確だったとして書類送検している。

労働者死傷病報告

様式第23号(第97条関係)(表面)

| 労働保険番号(建設業の工事に従事する下請人の労働者が被災した場合、元請人の労働保険番号を記入すること。) | 事業の種類 |

8 1 0 0 1　元請工事の労働保険番号

| 都道府県 | 所掌 | 管轄 | 基幹番号 | 枝番号 | 統一括事業場番号 |

建築工事

事業場の名称(建設業にあつては工事名を併記のこと。)

カナ

漢字　　　**事業場の名称(自社の会社名)**

工事名　　**現場工事名**

職員記入欄
派遣先の事業の労働保険番号

| 都道府県 | 所掌 | 管轄 | 基幹番号 | 枝番号 | 被一括事業場番号 |

派遣労働者が被災した場合は、派遣先の事業場の郵便番号　　－

事業場の所在地　　**自社の所在地**　電話　(　)

構内下請事業の場合は親事業場の名称、建設業の場合は元方事業場の名称　**元請会社名称**

派遣労働者が被災した場合は、派遣先の事業場の名称

提出事業場の区分　派遣元 派遣先

郵便番号　　－　　労働者数　　人　　発生日時(時間は24時間表記とすること。)

7:平成
9:令和

| | 年 | | 月 | | 日 | | 時 | | 分 |

被災労働者の氏名(姓と名の間は1文字空けること。)

カナ

漢字

生年月日
1:明治 3:大正 5:昭和 7:平成 9:令和

| 元号 | | 年 | | 月 | | 日 |

(　)歳

性別
男 女
(いずれかに○)

職種

経験期間　**他社経験も通算**　年 月

休業見込期間又は死亡日時(死亡の場合は死亡欄に○)

休業見込

いずれかに○

| | 月 | | 週 | | 日 |

死亡　死亡日時

傷病名　傷病部位　被災地の場所

災害発生状況及び原因

①どのような場所で ②どのような作業をしているときに ③どのような物又は環境に ④どのような不安全な又は有害な状態があつて ⑤どのような災害が発生したかを詳細に記入すること。

略図(発生時の状況を図示すること。)

労働者が外国人である場合のみ記入すること。

(　国籍・地域　)　(　在留資格　)

職員記入欄

国籍・地域コード　在留資格コード

起因物　店社コード　業種分類

自由設定項目
(1)　(2)　(3)

事故の型　発生者種類 事業場等区分 業務上疾病
1:該当
2:非該当

報告書作成者
職 氏名

年　　月　　日

事業者職氏名

印

<被災地の所轄> 労働基準監督署長殿

受付印

3 | 被災労働者への対応

1 | 病院への書類提出

　現場作業による被災で被災者が労災指定病院で受診した場合は、療養補償給付たる療養の給付請求書（労災 5 号様式）を作成し病院へ提出します。また、同事故で院外薬局を使用した場合は、薬局へも当該請求書を提出します。

　なお、請負事業の一括により、労災の各請求様式に記載する労働保険番号は元請の現場労災の番号であり、証明印を押印する事業主も元請となります。下請の名称等は所属事業場欄に記載します。

　また、後日、転院した場合（指定病院から指定病院への転院）は変更届（6 号様式）を転院先の病院に提出しますが、薬局に関する変更届はありませんので、薬局には常に 5 号様式を使用して提出します。

　なお、最初に受診した病院が労災指定病院でなかった場合は、自費で診療を受け、後日、療養補償給付たる療養の費用請求書（7 号様式）を作成して領収書を添付のうえ、労基署へ提出し費用の給付を受けます。その後に労災指定病院へ転院した場合は、転院先の病院が最初の労災指定病院となるため、転院先の病院に 5 号様式を提出します。

2 | 休業補償給付の請求

　労働者の休業が 4 日以上に及ぶ場合は請求書（8 号様式）により請求します。

　休業補償給付の請求に際し、複数の病院に受診している場合には、休

業の全期間について証明を得られるよう、原則としてすべての病院から証明をもらう必要があります。検査のため一時的に他の病院に受診しただけで、検査後は元の病院に戻る場合などは、元の病院で休業期間の証明をしてもらえるため、当該病院での証明は不要です。

3 ｜ 平均賃金の算定

　休業3日目までの補償額の算定、また休業補償給付支給請求書の作成のために、平均賃金を算定します。建設業の場合は、日給で働いている従業員が多いため、その場合は賃金台帳だけではなく、勤怠記録を取り寄せることも必要です。

　建設業の勤怠管理はいわゆる現場単位の出面（でづら）帳方式で管理されていることが多く、労働者ごとの出勤日がデータ化されていないこともあります。その場合は、時間のかかる作業になることも予想されますので早めの着手が必要です。

　なお建設業の場合、休業3日目までの休業補償の義務は、原則として元請にあります。

　ただし、元請が契約書で下請に補償を引き受けさせた場合はこの限りではありません。

｜コラム⑩｜　労働者に落ち度がある労災事故

　労災事故について従業員の落ち度が存するケースもあります。

　この場合、裁判所はその裁量で過失割合という形で割合を算定し、全損害額から当該割合の部分については労働者側の負担とする計算がなされます。過失割合は他の裁判例等を参照する方法が指針となりますが、明確な判断基準は少なく、当事者双方が納得できないことも多々あります。

　労働者が自らの落ち度を自認したうえで訴訟提起がなされている場合には、労働者側で考える過失割合を元に金額を計算して提訴されている例もあります。他方、労働者側が自らの落ち度を自認していない場合には、会社側で一定の主張立証が必要となるでしょう。この場合会社は死傷した労働者に落ち度があるという主張をしなければならず、紛争対立が強固にもなりがちです。

　なお、すでに労働者が労災給付を受けている場合、労災給付の一部（休業補償給付や障害補償一時金など）は賠償金から損益相殺として控除されます。これについては現実には労働者側で受領した金員を控除して計算したうえで提訴されている例が多いように思います。裁判所に訴訟提起する場合、請求金額に応じて印紙を添付する必要があり、控除後の金額を請求したほうが印紙代の節約になります。

4 | 受任者払い制度

　治療費や休業補償給付の額を会社が先に立て替え、後日、決定した請求分の補償について労基署から会社の口座に振り込むという受任者払い制度があります。法令の根拠に基づく制度ではありませんが、全国の労働局でこの制度は存在しているものと思われます。当初は全額を立て替えず、労基署から会社への入金後に被災労働者との間で不足額を清算するということについて双方の合意があれば、一部の立替えでもこの制度の対象となり得ます。

　ただし、給付や平均賃金が確定してない状態で会社が立替えを行わなければならないこと、労災の請求書を被災労働者が提出せずに所在不明になった場合には、立て替えた補償の回収が難しいことなどを考慮したうえで、受任者払い制度を利用するか否かの決定をする必要があります。この制度を利用する場合は、被災労働者が請求書を提出した分についてのみ立て替える等の対策も検討が必要です。

　なお、この手続きに使用する様式は労働局ごとに用意されているため、都度確認する必要があります。

5 | 被災したか否かの確認が取れない場合

　被災した日は痛みなどなく誰にも報告しなかった労働者が、後日になって痛みが出てから、実は受傷していたとして事業主に申し出てくることがあります。その場合は、当日の作業手順や、周囲にいた人にも状況を確認するなどして、適切な対応をとります。

　なお、どう考えても事業場内ではない、または業務中に被災したとは取り扱えないようなケースで、死傷病報告が提出できない場合でも、労働者から療養や休業の給付の請求が提出される可能性はあります。結果として虚偽申告や労災かくしの疑いが生じることもあり、元請に多大な迷惑をかけることにもなりかねません。

　この場合は事前に労基署に対し、死傷病報告の提出ができないことにつき相談し、労災かくしの意図がないことを説明しておくとよいでしょう。

　労災かくしとは死傷病報告を提出しなかった、または虚偽の報告をしたことを指し、罰則の対象となります（安衛法100条、則97条違反）。労災保険を使わなければ労基署に報告しなくてもよいということではありません。事故が起きた場合は後々の最悪の事態を想定し、速やかに元請会社に一報を入れること、また日頃から従業員には事故報告ルートを周知し、報告義務を課すなどの対策が必要です。

　なお、死傷病報告の報告義務者は被災労働者を雇用する事業主ですが、元請会社等と共謀して労災かくしを行った場合は、共謀した者すべてが罰則の対象となり得ます。

　また、労災事故の対応については、下請会社だけでは元請会社との対応が不十分なこともあります。その場合は、元請会社の理解を促すため

に、社会保険労務士が元請会社との直接窓口になるなどして下請会社のサポートをすることができます。

　なお、被災が確認できない労働者から事業主に提出された療養や休業の給付請求書の証明欄については、事故発生日現在の在籍者であれば、印字してある「証明事項」を消したうえで押印し、申立書などによりその理由を付して労基署に提出することもできます。この場合は後日、当該労基署から資料提出の依頼や、確認の電話があることがほとんどです。労災事故として扱うか否かは労基署の判断ですので、事実に沿って粛々と対応することが必要です。

6 再発防止対策等

1 再発防止対策

　労災保険等の対応と同時に、現場においては、原因究明と再発防止対策を徹底して講じる必要があります。そして、そこに安衛法違反がなかったかの検証を行い、もし違反があれば解決策を検討し、是正します。再発防止対策をとるためにも、事故現場の写真や動画は必ず複数残します。

　また、機械等の安全対策に不備があって事故が発生した場合、その機械等の使用を再開する際は、必ず再発防止対策を施してから使用することが重要です。

　仮に被災者の手順に問題があったことが事故の原因だと思っていたとしても、本当の原因は、その手順で作業をすると事故が起こる状況になっていること、その手順で作業することができてしまうことなのです。このような場合は、どのように作業をしても事故が発生しない状況を作る、もしくは事故が起きたような手順で作業を行うことをできなくするなどの対策が必要です。安全対策を考えるうえでは、人はミスを犯すものである、という前提で考える必要があります。

　なお、対策が不十分なまま機械等を放置した結果、労基署がその機械等を使用する労働者に急迫した危険があり、かつ緊急の必要性があると認めた場合は、その機械等の使用停止命令が出される場合があります（安衛法98・99条）。安全装置の設置や手すりや柵の設置など、その現場の修復等が終了するまでその機械等を使用停止とし、現場は立入禁止にするなどの命令です。これは強制力のある行政処分です。使用停止等命令書が交付される前に早急に是正します。また、是正に際しては早い段階

から労基署と相談しながら行うこともできます。

　労災事故は不思議と続きます。朝礼や安全委員会等で情報を共有し、全社的に気を引き締めていく必要があります。

　以下の項目などは、日常的に対策を講じていくことが重要です。

再発防止のための確認項目

① 安全管理体制に不備はないか
② 下請であれば、職長、作業主任者等の選任やその資格および業務遂行に問題はないか
③ 作業手順書は作成されているか、それが適切に運用されているか
④ 保護具の着用を義務付けているか、その確認を怠っていないか
⑤ 機械等の検査、点検、整備は適切に行われているか
⑥ 機械等との接触事故を防ぐ対策はとられているか
⑦ 飛来・崩壊、墜落・転倒防止対策、感電対策等に不備はないか
⑧ その他（278頁の「事業者が講ずべき措置」参照）

2 ｜ 安全対策の必要性

　大きな事故が起きた場合は、業務上過失致傷や死亡事故であれば業務上過失致死などで刑事事件として立件されることもあります。安衛法違反があった場合も同様に罰則の対象となり得ます。

　その対象となるのは、法人および法人の代表者のほか、職長、作業主任者などです。たとえ、就業環境等の現場に不備がなく被災労働者の作業手順に問題があった場合でも、安衛法上の違反があれば、法人も職長等も罰則の対象となる可能性があります。直接の事故原因になり得る違反については、特に注意が必要です。

　作業手順に関しては手順書が大変重要です。慣れた仕事を継続している作業員からは作業手順書など見なくてもわかっている、作っても見ない、という声を聞くことがあります。しかし、そうした姿勢が気の緩みを生み重大事故に至ったケースは多々あります。

　そのような事故においても、安衛法における事故の原因は、作業手順書を作成していないこと、周知していないこと、形骸化していることです。発生した事故が、被災労働者の行動に起因した場合であってもその行動自体が原因ではないということになりますので注意が必要です。

　実際に、手を抜いた作業手順で作業を行ったため、死亡事故に至ったケースでは、法人とともに、その現場の作業主任者が書類送検、起訴され、罰金刑が確定しました。この判決に大きく影響したのは、作業手順書がなかったことです。同僚を目の前で亡くし、自身が前科者となってしまった当該主任者のショックは計り知れません。また、これを受けて公共工事も一定の期間、指名停止されました。

　他方で、同じように作業手順に問題があった死亡事故であっても、不完全ではありましたが、作業手順書が存在したケースでは、作業手順書は存在し周知されていたということで、書類送検はされたものの、起訴はされませんでした。

　作業手順書の有無でこれだけの違いがあります。作業手順を定めなければならないという法律の条文はありません。しかし、雇入れ時教育・職長教育等教育に関する法の定めの中に「作業手順に関すること」に関連している項目がしばしばありますので、実質的に作業手順書を作成する義務があるといえます（安衛法59・60条、安衛則35・40条）。なお、作業手順書の作成方法は職長等教育のカリキュラムの中にも入っています。

　作業員の、「安全」に対する意識を高めていくためには、全員参加型の安全管理活動を行うことが大切です。現場の安全計画を立てるうえでは、それを実行する現場担当者、下請事業の作業主任者などの意見を取り入れつつ進めることが重要です。

7 | 労働基準監督署の調査

　事故が起き、労基署の調査が入った時点で再発防止対策がとられている場合は、ほかに不備がなければ指導はなし、となりますが、不備がある場合は、指導書等が交付されます。それに対しては、改善前および改善後の写真を添えるなどして、改善報告書の提出をします。

　なお、労基署の調査が入る前に再発防止対策について労基署に相談し、任意に報告書を提出するということについても、労基署ではその相談・報告に快く応じてもらえます。

8 外国人労働者の労災事故

　日本人であっても労働災害は起こり得ますが、言葉のコミュニケーションがとりにくい外国人の労働者であれば、その可能性はより高まります。これを防ぐためには、外国人労働者との契約書や、現場の作業手順書など、重要事項を母国語で作成するなどの措置が必要です（ナルコ事件 177 頁参照）。

　また、在留資格が特定技能の場合は、母国語での契約書の作成等が義務付けられています。外国語で契約書やマニュアルを作成する事業者の活用も有用です。外国人労働者受入れに際しての仲介事業者がある場合は、労働条件や担当する作業の説明に際して立合いを依頼するなども考えられます。

　なお、労働災害が発生した場合の外国人労働者の逸失利益に関しては、「相当程度の蓋然性が認められる程度に予測し、将来のあり得べき収入状況を推定すべきことになる」。そうすると「予測される我が国での就労可能期間ないし滞在可能期間内は我が国での収入等を基礎とし、その後は想定される出国先（多くは母国）での収入等を基礎として逸失利益を算定するのが合理的」とされています（271 頁、コラム参照）。また、不法就労者についても「製本作業という就労内容自体は何ら問題のない労働であって、しかも入国自体が強度の違法性を有する密入国のような場合とは異なるから、いまだ公序良俗に反するものであるということはできない」とされ、観光目的での入国であった原告の日本における就労可能期間を 3 年として算定した逸失利益が認められた例があります（改進社事件最三小判平 9．1．28 民集 51 巻 1 号 78 頁）。

【実務上のポイント】

① 安全対策は、人はミスを犯すものという前提のもとに講じる必要がある。

② 事故が発生した場合は、原因究明と再発防止対策を早急かつ徹底して行うこと。

③ 被災者がいない場合でも事故報告書を提出しなければならない場合がある。

④ 休業補償給付等で必要となる平均賃金の算定に困難が伴う場合があるため準備は早めに行うこと。

⑤ 死傷病報告は被災労働者が直接所属している事業主が作成、提出するものであること。

⑥ 死傷病報告の提出先は工事現場の所轄労基署であるが、出張先などの場合は、所属事業場所轄の労基署に提出する場合がある。

⑦ 安全管理指針（281頁参照）において元請は下請に対し、労働災害防止に配慮した作業手順書を作成するよう指導することとされている。

⑧ 外国人労働者であっても当然に日本人と同様の保護が受けられ、逸失利益の算定は日本における就労可能期間内の収入とその後に想定される母国等における収入を基礎にして決定される。

| コラム⑪ |　外国人労働者の逸失利益

　労災事故の受傷者が外国人労働者である場合、裁判では外国人労働者の逸失利益の計算方法がしばしば争点となります。

　逸失利益とは、後遺症が生じたために将来得られなくなった収入に関する損害項目です。外国人労働者の場合、将来得られなくなる収入の計算方法について、日本における収入を前提とするのか、母国での収入を前提とするのかが争点になり得るのです。

　具体的には当該外国人のこれまでの日本での活動歴、在留資格、将来予測等から、いずれの賃金をベースとすべきかという議論になるのです。日本での賃金をベースとする場合、これまでの実賃金やいわゆる賃金センサスを基準とすることがあります。母国での収入をベースとする場合、母国での実収入や母国の平均賃金、最低賃金、ＧＤＰなどを手掛かりに信頼性の高いデータを入手する必要があります。

　例えば、長年、日本で稼働し、提訴当時、将来も長期滞在が予想された外国人労働者についても、裁判途中で当該労働者が母国に帰国したため帰国後は母国での収入を基礎としたという例もありました。また、日本にとって馴染みのない国を母国とする外国人について、公的機関や大学の研究機関が発表するデータ等を用いた例もありました。

　日本と諸外国とでは賃金ベースが異なることも多く、損害額に与える影響も大きいのです。

9 | 事業者の責任

労働災害において事業者の責任には、刑事責任、民事責任、行政責任、社会的責任の4つがあると言われています。

1 | 刑事責任

刑事責任とは懲役や罰金刑など刑事法の罰則が適用されることをいいます。死亡事故があった際は、警察は業務上過失致死の有無、労基署は安衛法違反での捜査を行います。安衛法は両罰規定がありますので、法人も処分の対象です。また労基法・安衛法における事業主には、現場の職長や作業主任者などが該当する可能性もあり、労働者であっても罰則の対象となることがあります。

移動式足場からの転落災害で事業者を書類送検

　八王子労基署は、平成27年7月14日、東京都稲城市内の工事現場において発生した労働災害について、当該工事を施工した建設会社ならびに資材手配担当者および職長を安衛法違反の容疑で、東京地方検察庁立川支部に書類送検した。

〈事件の概要〉

　平成27年2月13日、稲城市内の工事現場において、男性作業員（49歳）が移動式足場（以下、「ローリングタワー」という）の高さ約2.3メートルの作業床上において建屋の雨樋取付工事を

行っていたところ、ローリングタワーが不意に動いたため、手す
りを乗り越えて地面に墜落し、脊髄損傷および両膝蓋骨骨折の重
傷を負う災害が発生した。

　捜査の結果、当該ローリングタワーに設けられた作業床を使用
して作業を行わせるにあたり、高さ85センチメートル以上の位
置に手すりを設けなければならないのに、手すりの高さが不適正
（82センチメートル）なまま同足場を使用させていたことが判明
した。

2 ┃ 民事責任

　被災者への損害賠償責任のことです。工事現場における事故の場合は、
安全配慮義務違反の有無が問題となります。安全配慮義務は、契約に伴
い使用者が当然に負っている債務です。法違反の有無とは関係なく、民
事上の債務不履行責任、不法行為責任が成立することがあります。

　これらの責任により損害賠償義務が生じた場合は、損害額から労災保
険ですでに受給した休業補償給付等の額を控除した額が実際の支払額と
されることが多いものと思われますが、特別支給金の額は、労働福祉事
業として給付されるものであるため、「被災労働者が労働者災害補償保
険から受領した特別支給金をその損害額から控除することはできないと
解するのが相当である」（最二小判平8.2.23民集50巻2号249頁）
と解されています。また、民事損害賠償が先行した場合は、その範囲で
労災給付が制限されることになりますので、その点にも注意が必要です。

3 ┃ 行政責任

　行政法規への違反によって生じる責任です。労基署は立入調査などで
法違反が認められれば、是正勧告書を交付して、その違反の是正を求め

ます。労基署の行政処分には、使用停止等命令や緊急措置命令などがあります。なお、警察の営業停止処分なども行政処分です。この命令に従わない場合は、罰則が科せられる可能性があります。仮に、重機の定期検査を怠っていた場合に使用停止命令が出た際は、検査が終了するまで当該重機の使用はできません。

4 社会的責任

引き起こされた労災事故が、社会的に影響を及ぼした場合は、企業の社会的信用の失墜につながります。

> ┈┈┈【実務上のポイント】
> ① 安衛法は行政刑罰法規（両罰規定）であること。労働者（職長・作業主任者等）であっても処罰の対象となり得ること。
> ② 民事的責任が問われる場合は、安衛法違反の有無にかかわらず、不法行為等の存在によって損害賠償責任が生じるものであること。
> ③ 危険な状態であると判断した場合、行政は機械等について使用停止命令等の措置をとることができること。
> ④ 法令を遵守し十分な対策を講じていたと考えていても、結果として事故が起きた事実があれば、その対策には不備があったと判断されることが多く、それによる責任が生じる可能性があること。

┃コラム⑫┃　不法行為責任と債務不履行責任

　工事現場で労災事故に遭った労働者は、自らの死傷結果について労災保険給付を得たうえで、さらに会社に対し民事責任を追及するというケースもあります。

　この場合、裁判では、会社の責任の有無（会社の安全配慮義務違反等の有無）が争点になることも少なくありません。このとき会社が労働安全衛生法などの各種法令等に違反をした状態で労働者に業務に従事させていた場合は会社側の責任が認定されやすくなります。

　講学上、責任追及の根拠として、不法行為責任あるいは債務不履行責任のいずれも考えられます。一般的な差として、時効期間や遅延損害金の起算点の違い、遺族固有の慰謝料の有無、立証責任の違いが指摘されます。

　もちろん、裁判では立証責任の差はありますが、当事者双方が主張する具体的な事実にはあまり大きな差はないように思われます。結局、いずれの根拠で請求するかどうかは、実務上、個別事案により法的構成を検討して有意なものを挙げますが、両方の根拠を競合させて主張立証するケースも多いと考えられます。ちなみに、いずれの責任でも同額の損害が認容されるケースの場合では、一般に不法行為時から遅延損害金が発生する不法行為責任追及のほうが労働者にとって経済的には有利となり得ます。

　また、直接的な不法行為者（上司や同僚）が存在する場合、会社に対する責任追及は使用者責任（民法715条）などの根拠も考えられるでしょう。

　なお、平成29年5月に成立した「民法の一部を改正する法律」（令和2年4月施行）によると、不法行為と債務不履行のいずれの責任を追及する場合でも、人の生命または身体の侵害

による消滅時効期間は、損害および加害者を知った時（権利行使できることを知った時）から5年、不法行為の時（権利を行使することができる時）から20年となりました。人の生命・身体という利益は財産的な利益などに比べ保護すべき度合いが強いこと、また、生命や身体について深刻な被害が生じた場合、速やかに権利行使することが難しい場合も存することから、権利期間を長期化する特例として設けられ、同一の期間と考えることになりました。

　そうすると、民法改正の結果、消滅時効に関する不法行為責任と債務不履行責任の差はなくなると考えられます。今後、法的構成の選択にも一定の影響を与えそうです。

10 費用徴収

　事業主が故意または重大な過失により生じさせた業務災害（※）について労災保険給付が行われた場合は、事業主からその保険給付に要した費用の 30％を費用徴収すると定められています（労災法 31 条 1 項）。これは、労基署において事故の原因に法違反があったと認定した事案について行われます。以下（※）のような場合、書類送検された場合だけではなく、是正勧告などの場合であっても費用徴収の可能性はあります。

※　①　法令に危害防止のための直接的かつ具体的な措置が規定されている場合に、事業主が当該規定に明白に違反したため、事故を発生させたと認められるとき

　　②　法令に危害防止のための直接的措置が規定されているがその規定する措置が具体性に欠けている場合に、事業主が監督行政庁より具体的措置について指示を受け、その措置を講ずることを怠ったために事故を発生させたと認められるとき

【実務上のポイント】

　費用徴収は保険関係未届の場合だけではなく、故意または重大な過失により生じさせた事故の場合にも行われること。

---

11 事業者が講ずべき措置

　安衛法では業種を問わず、すべての元方事業者に対して元方事業者が
講ずべき措置を定め、また建設現場向けに建設現場安全管理指針を定め
ています。

　経験の少ない中小規模の会社が元方事業者となった場合は、下請に業
務を任せきりで元方事業者の講ずべき措置について何ら対処していない
例もありますので注意が必要です。

　安全に関することは、多くの人命に関わることです。これは何にも勝
る最優先事項であることを肝に銘じて対策をとる必要があります。

1 用語の整理

　建設の事業においては1つの事業場内に様々な事業者が混在してお
り、それぞれに法令上の呼び名があります。

① 元方事業者

　発注者から最初に仕事を請け負った事業者（元請）のこと。

② 特定元方事業者

　元方事業者のうち、特定事業（建設の事業・造船の事業）を行う事
業者のことで、現場の統括管理を行います。なお、特定元方事業者は、
統括安全衛生責任者、元方安全衛生管理者、店社安全衛生管理者を選
任します。

③　関係請負人

　元方事業者から仕事を請け負った事業者等（下請）のこと。一次下請、二次下請または再下請、孫請などと言われています。

2 ┃ 元方事業者が講ずべき措置

　元方事業者は、関係請負人および関係請負人の従業員が法律違反等をしないように指導しなければなりません。また、法律違反等をしていると認めるときは、これを正すための必要な指示をしなくてはならず、下請はこれに従わなければなりません（安衛法29条）。

　また、元方事業者は危険な場所で関係請負人が作業する際には、関係請負人が講ずべき危険防止のための措置が適切に講ぜられるように、技術上の指導等必要な措置を講じなければならないとされています（安衛法29条の2）。

　ここでいう危険な場所とは、安衛法の条文上は「厚生労働省令で定める場所」とされていますが、概要は以下の通りです（安衛則634条の2）。なお、安衛法ではそれぞれについて災害防止のための措置に関する事項を定めています。

▎安衛法29条の2の厚生労働省令で定める場所

---

　①　土砂等が崩壊するおそれのある場所（安衛則361・534条）

　②　土石流が発生するおそれのある場所（安衛則575の9〜16）

　③　車両系建設機械や移動式クレーン等の機械等が転倒するおそれのある場所（安衛則151条の6・157条・173条）

　④　充電電路に労働者の身体等が接触し、または接近することに

より感電の危険が生ずるおそれのある場所（安衛則 349）

⑤　埋設物等またはれんが壁、コンクリートブロック塀、擁壁等
の建設物が損壊する等のおそれのある場所（安衛則 362）

　なお、これらの措置は業種を問わず、すべての元方事業者に共通した
義務となっています。

3 ｜ 特定元方事業者が講ずべき措置等

　特定元方事業者については、元請・下請事業者の労働者の混在作業に
よる労働災害を防止するための必要な措置を講じなければならないこと
が規定されています（安衛法 30 条 1 項）。

特定元方事業者の講ずべき措置

①　協議組織の設置・運営

②　作業間の連絡・調整

③　作業場所の巡視

④　関係請負人の行う安全衛生教育に対する指導・援助

⑤　仕事の工程に関する計画および機械等の配置に関する計画の
作成および期間、設備等を使用する作業に関する事項

⑥　①〜⑤のほか、特定元方事業者および関係請負人の労働者の
作業が同一の場所において行われることによって生ずる労働災
害を防止するための必要な事項

4 | 建設現場安全管理指針 (平7.4.21 基発267-2)

　本指針は、元方事業者が実施することが望ましい安全管理の具体的手法を示すことにより、建設現場の安全管理水準の向上を促進し、災害の防止を図るためのものです。前**2**の措置にもつながる内容となっていますので、元方事業者となった場合はこれが参考になります。なお、この内容には元方事業者が実施する事項とともに下請事業者が実施することが望ましい事項についても示されています。

　規定された各項目は次の通りです。

建設現場の安全管理（元請事業者と下請事業者の実施する事項）

現　　　　場	
元方事業者が実施する事項	関係請負人が実施する事項
安全衛生管理計画の作成	
過度の重層請負の改善	過度の重層請負の改善
災害防止対策実施者およびその経費負担の明確化	災害防止対策実施者およびその経費負担の明確化
下請労働者の把握	関係請負人およびその労働者に係る事項等の通知
作業手順書の作成	作業手順書の作成
協議組織の設置・運営	協議組織への参加・協議結果の周知
作業間の連絡および調整	作業間の連絡および調整事項の実施の管理
作業場所の巡視	
新規入場者教育の実施	新規入場者教育の実施
新たに作業を行う関係請負人に対する措置	
作業開始前の安全衛生打合せの実施	作業開始前の安全衛生打合せの実施

安全施工サイクル活動の実施	
職長会の設置	職長会の設置
支店等の店社	
元方事業者が実施する事項	関係請負人が実施する事項
安全衛生管理計画の作成	安全衛生管理計画の作成
重層請負改善のための社内基準の設定等	
共同企業体における安全管理の基本事項についての協議	
	安全衛生推進者の選任
統括安全衛生責任者および元方安全衛生管理者の選任	安全衛生責任者の選任
施工計画の事前審査体制の確立	
安全衛生パトロールの実施	安全衛生パトロールの実施
災害の原因調査および再発防止対策の樹立	災害の原因調査および再発防止対策の樹立
下請の安全衛生管理状況等の評価	

【実務上のポイント】

　建設現場安全管理指針の内容は、元方事業者が講ずべき措置の内容と関連しており、十分に留意すること。

5 労働者と同じ場所で危険有害作業を行う個人事業者等の保護措置

　令和5年4月から労働者と同じ場所で危険有害な作業（※）を行う個人事業者等を保護するため、作業の一部を請け負わせる請負人（一人親方、下請業者）に対して以下の措置の実施が義務付けられました。

　※　危険有害な作業とは安衛法22条に関して定められている以下の11の

省令

①労働安全衛生規則、②鉛中毒予防規則、③特定化学物質障害予防規則、④電離放射線障害防止規則、⑤粉じん障害防止規則、⑥有機溶剤中毒予防規則、⑦四アルキル鉛中毒予防規則、⑧高気圧作業安全衛生規則、⑨酸素欠乏症等防止規則、⑩石綿障害予防規則、⑪東日本大震災により生じた放射線物質により汚染された土壌等を除染するための業務等に係る電離放射線障害防止規則

---

① 局所排気装置等の設備の稼働による健康への配慮
② 特定の作業方法で行うことが義務付けされている作業における作業方法の周知
③ 労働者に保護具を使用させる義務がある作業についての保護具使用の周知

また、請負契約の有無にかかわらず、労働者と同じ作業場所にいる労働者以外の人（一人親方や他社の労働者、資材搬入業者、警備員など）に対しても、以下の措置が義務付けられました。

---

① 労働者に保護具を使用させる義務がある作業についての保護具使用の周知
② 立入禁止、喫煙・飲食禁止の場所については労働者以外についても禁止すること
③ 事故等の発生においては同じ作業場にいる労働者以外も退避させること
④ 化学物質の有害性の掲示について労働者以外の人にも見やすい場所に掲示すること

なお、事業者が作業の一部を請負人に請け負わせる場合の配慮義務や措置義務は、請負契約の相手方に対する義務です。一次下請は二次下請に対する義務を負い、三次下請に対する義務はありません。二次下請が三次下請に対する義務を負います。

　また、元方事業者は安衛法29条2項で、関係請負人が法やそれに基づく命令の規定に違反していると認めるときは、必要な指示を行わなければならないとされています（令和4年4月15日基発04151号）。

　なお、厚労省が令和5年10月27日に公表した「個人事業者等に対する安全衛生対策のあり方に関する検討会」の報告書においては、労働者と同じ場所で就労する者は、労働者以外の者であっても同じ安全衛生水準を享受すべきであり、また、個人事業者が労働者とは異なる場所で就労する場合であっても、労働者と同じ安全衛生水準を享受すべきであり、その実現のための対策を講じるとしています。

【実務上のポイント】

　労働者以外の者についても、労働者と同様の保護措置が必要であること。

---

6 ｜ 化学物質管理者

　労働安全衛生法施行令の一部を改正する政令（令和4年政令51号）、労働安全衛生規則等の一部を改正する省令（令和4年厚生労働省令91号、令和6年4月1日施行）により、化学物質の管理が法令遵守から自律的な管理に移行したことに伴い、労働者の化学物質による健康障害を防ぐために、事業所ごとに化学物質管理者を選任しなければならないとされました。業種、事業場規模にかかわらず、リスクアセスメント対象

物を製造、取扱いまたは譲渡提供する事業場に適用されます。なお、リスクアセスメント対象物を製造等する事業場以外では、化学物質管理者の選任要件はありませんが専門講習の受講をお勧めします。

化学物質管理者の職務は事業場における化学物質の管理に係る技術的事項を管理するものと位置付けられており、具体的には以下の通りです。

化学物質管理者の職務

①　表示および通知に関する事項
②　リスクアセスメントの実施および記録の保存
③　暴露低減対策
④　労働災害発生時の対応
⑤　労働者教育

また、化学物質管理については、職場の化学物質管理総合サイト「ケミサポ」で詳しく紹介されています。

7 保護具着用管理責任者

リスクアセスメントを行い、その結果に基づく措置として労働者に保護具を着用させる場合においては、保護具着用管理責任者を「保護具に関する知識及び経験を有すると認められる者」から選任することとされました。

知識と経験を要するものは以下の通りです。

保護具着用管理責任者の選任要件

① 化学物質管理専門家の要件に該当する者

② 作業環境管理専門家の要件に該当する者

③ 労働衛生コンサルタント（衛生工学）

④ 第1種衛生管理者免許または衛生工学衛生管理者免許を受けた者

⑤ 作業主任者技能講習を修了した者（特定化学物質、有機溶剤、鉛、四アルキル鉛）

⑥ 安全衛生推進者の要件に該当する者

　上記の者を選任できない場合は、保護具の管理に関する教育（以下、「保護具着用管理責任者教育」という）を受講した者を選任すること、また「保護具に関する知識及び経験を有すると認められる者」から選任する場合であっても、保護具着用管理責任者教育（特別教育）を受講することが望ましいとされています（令和4年5月31日付基発0531第9号）。

　建設業においても、特定化学物質や有機溶剤などを使用する作業、アーク溶接、金属加工の作業なども該当する可能性があることに留意してください。

　なお、「保護具着用管理責任者」は新たに設けられた管理責任者ではなく、防じんマスク、防毒マスクおよび電動ファン付き呼吸保護具の選択、使用等については、従来から選任が必要であるとされてきました。

　これについては「保護具着用管理責任者」を衛生管理者、安全衛生推進者または衛生推進者等労働衛生に関する知識、経験等を有する者から作業場ごとに選任すること（平成17年2月7日付基発0207006号）とされてきましたが、これは「防じんマスク、防毒マスクおよび電動ファン付き呼吸保護具の選択、使用等について」（令和5年5月25日基発

0525第3号）を以って廃止され、今後は事業者の自律的管理に移行しました。

参考までに従来、措置が必要とされていた事項において保護具着用管理責任者の選任が実施される作業は以下の通りでしたが、今後はこれに囚われることなく、リスクアセスメントによりリスクを測り、その結果として有害な作業については自ら措置を講ずることが求められています。

① アーク溶接作業と岩石等の裁断等作業
　呼吸用保護具の着用の徹底および適正な着用の推進
② 金属等の研磨作業
　呼吸用保護具の着用の徹底および適正な着用の推進
③ ずい道等建設工事
　呼吸用保護具の着用の徹底および適正な着用の推進

【実務上のポイント】
① 事業者は労働者および一人親方を含む関係請負人の保護に努めなければならないこと。
② 化学物質を使用する場合の安全管理はリスクアセスメントによる企業の自律的管理に委ねられたこと。
③ 化学物質管理者および保護具管理責任者の選任に留意すること。

12 安全管理

1 建設業の安全管理体制

建設の事業においては、複数の事業者が1つの現場に混在し、しかもそれらが関連しながら仕事をしています。そのため、指揮系統などが整備されていないと、連絡調整や指揮命令が行き届かないなどの問題が発生し、重大な労働災害につながることがあります。このような状況を防ぐために、安衛法では建設業に対し、一般の業種に定めている以外の安全管理体制（組織づくり）を義務付けています。

なお、この安全衛生管理体制においては、常時使用する人数により義務付けている措置等が異なりますが、この人数は特定元方事業者および関係請負人の合計人数です（このほか、事業者単位での通常の安全管理体制は別途発生します）。

また、特定元方事業者は、選任基準に従い、統括安全衛生責任者、元方安全衛生管理者、店社安全衛生管理者を選任しなければなりません。

① 統括安全衛生責任者（安衛法 15 条）

統括安全衛生責任者は、当該場所においてその事業の実施を統括管理する者をもって充てなければなりません。

統括安全衛生責任者を選任すべき業種等は次の通りです。

統括安全衛生責任者を選任すべき業種

	業　種	使用する労働者数※ 2
1	ずい道等の建設の仕事	
2	特定の場所での橋梁の建設の仕事※ 1	30 人
3	圧気工法による作業を行う仕事	
4	前 1 ～ 3 以外の仕事	50 人

※ 1　特定の場所とは、人口が集中している地域内における道路上もしくは道路に
　　　隣接した場所または鉄道の軌道上もしくは軌道に隣接した場所
※ 2　使用する労働者数は現場全体の人数

　統括安全衛生責任者の業務は次の通りです。

統括安全衛生責任者の業務

a）　協議組織の設置・運営

b）　作業間の連絡と調整

c）　作業場所の巡視

d）　関係請負人が行う労働者の安全衛生のための教育に対する
　　　指導や援助

e）　その他労働災害を防止するために必要な事項

　統括安全衛生責任者については、法律上は専属の者であることの定めはされていませんが、安全管理指針では専属の者とすることとされています。また、統括安全衛生責任者の選任については、統括安全衛生管理に関する教育を実施し、この教育を受けた者のうちから選任することとされています。

　なお、統括安全衛生責任者は元方安全衛生管理者を指揮します。

② 元方安全衛生管理者（安衛法15条の2）

統括安全衛生責任者を選任した事業者に選任義務があります。元方安全衛生管理者の職務は統括安全衛生責任者が行うべき事項のうち、技術的、具体的事項の管理です。統括安全衛生責任者を実務面で補佐する役割を担っています。

元方安全衛生管理者の選任要件については、大学または高校における理科系統の課程を修めて卒業した者で、その後3年（5年）以上建設工事の施工における安全衛生の実務に従事した経験をもつ者等とされ、細かく規定されています。

元方安全衛生管理者は兼任でも法違反ではありませんが、技術面で即時対応が必要となることもあり望ましくはありません。専属の者とできるよう配慮しましょう。

なお、元方安全衛生管理者は、安全衛生責任者との間で連絡調整を行います。

③ 安全衛生責任者（安衛法16条）

統括安全衛生責任者が選任された場所については、統括安全衛生責任者を選任した事業者以外の請負人で当該仕事を自ら行う事業者（下請）は、安全衛生責任者を選任し統括安全衛生責任者（実際には元方安全衛生管理者であることも多い）との連絡等を行います。なお、当該責任者を選任したら、遅滞なく元請にその旨を通報しなければなりません。

また、常時10人〜49人規模の場所についても、これに準じた責任者を選任するよう求められています（平5.3.31基発209-2）。

なお、安全管理者および安全衛生責任者については、以下に該当する従業員であり、かつ厚労省が定める研修（平18.2.16厚労省告示24号）を修了した者を選任しなくてはなりません。

④ 安全管理者

常時50人以上使用する場所においては、安全に係る技術的事項を管理する安全管理者を選任しなければなりません。これは現場全体の人数ではなく、各社において使用する人数です。なお、300人以上使用する場合は、安全管理者のうち1人を専任としなければなりません。ただし、建設現場において1社でこの人数要件に該当することは、あまり想定できることではありません。

│ 安全管理者および安全衛生責任者の選任要件

> a）　大学または高等専門学校における理科系統の正規の課程を修めて卒業した者で、その後2年以上産業安全の実務に従事した経験を有するもの
> b）　高等学校または中等教育学校において理科系統の正規の学科を修めて卒業した者でその後4年以上産業安全の実務に従事した経験を有するもの
> c）　その他厚生労働大臣が定める者
> 　　理科系統以外の大学を卒業後4年以上、同高等学校を卒業後6年以上産業安全の実務を経験した者、7年以上産業安全の実務を経験した者等

⑤ 店社安全衛生管理者（安衛法15条の3）

統括安全衛生責任者を選任すべき場所より小規模（常時従事する労働者数が20〜49人）の場所において選任義務があります。

統括安全衛生責任者等を選任するほどの規模ではないが、一現場の現場責任者のみにすべてを任せる規模ではないという場所についての管理

を想定したものです。

　店社とは、本社、支店、営業所などのことで、そこに配置された管理者が各現場を巡回するなどして管理、指導を行います。

　なお、店社安全衛生管理者を選任すべき場所において、統括安全衛生責任者を選任した場合は、当該管理者を選任したものとみなされます。

　店社安全衛生管理者の業務は次の通りです。

店社安全衛生管理者の業務

---

a）　最低でも月1回の作業場の巡視

b）　労働者の作業の種類や実施状況の把握

c）　協議組織の会議への参加

d）　元請が作成した作業工程計画、機械・設備などの配置など
　　について計画的に措置が講じられているかの確認

　当該管理者を選任すべき仕事と人数は次の通りです。前記した他の管理者等との選任区分ともあわせて整理しています。

工事現場の安全管理体制

工事の種類	使用する労働者数			
	20人未満	20人以上	30人以上	50人以上
ずい道等の建設	安全担当者（法の定めなし）	店社安全衛生管理者	統括安全衛生責任者 元方安全衛生管理者 安全衛生責任者	
圧気工法による作業を行う仕事				
一定の橋梁の建設				
鉄骨造り 鉄骨鉄筋コンクリート造りの建設				
その他の仕事				

　店社安全衛生管理者は次のいずれかの資格を有する者でなければなりません。

店社安全衛生管理者の資格要件

a）　学校教育法による大学または高等専門学校を卒業した者で、その後3年以上建設工事の施工における安全衛生の実務に従事した経験を有するもの

b）　学校教育法による高等学校または中等教育学校を卒業した者で、その後5年以上建設工事の施工における安全衛生の実務に従事した経験を有するもの

c）　8年以上建設工事の施工における安全衛生の実務に従事した経験を有する者

事業者が混在している建設現場における安全管理体制のイメージ

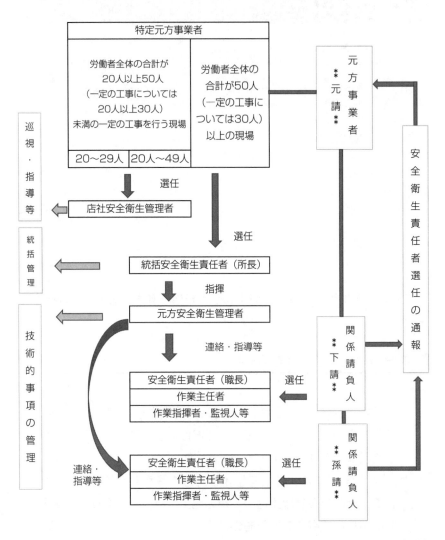

（下請の労働者を含む人数が 20 人以上の場合）

　一事業者において一現場にて常時使用する従業員が 10 人以上 50 人未満となった場合には一般の安全管理体制のもと、安全衛生推進者の選任が必要です。一般の安全管理体制については忘れがちですので、注意する必要があります。なお、常時使用する従業員が 50 人以上の場合についても、該当すれば安全管理者等の選任義務が発生します。非常に大きな現場の場合は、該当することがあります。

　　　【実務上のポイント】
① 　現場の安全管理体制を把握し、必要な資格者の選任をすること。
② 　選任が必要な管理者等の資格要件および職務内容に留意すること。
③ 　建設現場であっても、通常の安全管理体制は事業者ごとに必要となること。

---

2 ｜ 届出義務

① 適用事業報告書（労基法 104 条の 2、労基則 57 条）

　従業員を 1 名でも雇用していれば適用事業報告は提出しなければなりません。現場を一事業場とみなし、元請事業はこの事業の事業主であるという位置付けで、適用事業報告を提出します。ここに記入する常時使用する労働者数は、元請事業の労働者数のみです。下請事業については、その現場で労働者を使用しているのではなく、現場は作業場所であるという考えのもと、適用事業報告を提出する必要はありません。ただし、この場合でも元請から適用事業報告の提出を求められることがありま

す。労基署が受理を拒むことはありませんので、作成して提出する場合もあるようです。

② 特定元方事業者等の事業開始報告（安衛則664条）

常時10人以上が従事する現場の特定元方事業者は、事業の開始後遅滞なく、現場の所轄労基署に提出します。なお、10人未満の現場の事業者については届出を省略できるという解釈なので、10人未満の現場でも発注者などから労基署への提出を求められるなどした場合は速やかに提出をしましょう。

なお、この届出様式は、統括安全衛生責任者、元方安全衛生管理者、店社安全衛生管理者の報告も兼ねていますが、行政の指定様式はなく、参考様式のみ示されています。

③ 総括安全衛生管理者・安全管理者・衛生管理者・産業医選任報告

それぞれ選任義務が生じた日から14日以内に選任し、遅滞なく所轄労基署へ届け出ます。これらは1枚の様式で届出可能です。

3 | 就業にあたっての措置

① 免許・技能講習・特別教育等

安衛法では、様々な免許の取得・技能講習・特別教育が義務付けられています。下請事業を主にしている小規模の会社にとっては、この分野が特に重要です。

免許は国家試験の合格が取得条件であり、技能講習は都道府県労働局に登録された機関での受講となります。特別教育（安衛法59条3、安衛則36条）は、定められたカリキュラムに沿って、社外の事業者に依頼するか、または体制がある場合は社内で行うこともできます。特別教

育の記録は３年間保存しなければなりません。

　これらは、作業や使用する機械等の危険度に応じてその義務の内容が異なります。ボイラーの取扱いの業務を例にとれば、ボイラー（小規模・小型を除く）の取扱いは免許、小規模ボイラーは技能講習、小型ボイラーは特別教育という関係です。

　アーク溶接作業については、特別教育と技能講習の２つともが存在します。特別教育は作業に関する教育でアーク溶接の作業をする全員が受講する必要があります。これに加え、令和６年１月１日に衛生教育としての技能講習が新設されました。溶接ヒュームが特定化学物質とされていることから作業者のうちアーク溶接作業の作業主任者となるためには、従来は特定化学物質およびアルキル鉛作業主任者技能講習を受講する必要がありましたが、この新設により、アーク溶接作業に特化した技能講習を受けることで作業主任者となることができるようになりました。

　なお、このように必要な免許・技能講習・特別教育が混在している業務については注意が必要です（下記図参照）。

　また、下記図のほか、発破技士免許、潜水士免許などの免許が必要な業務や、特別教育が必要な業務が多数あります。

必要な免許・技能講習・特別教育が混在している業務

業務内容	免許	技能講習	特別教育
クレーン等の運転の業務			
つり上げ荷重５ t 以上のクレーン・デリック	○		
同　５ t 以上の床上運転式クレーン	○		
同　５ t 以上の操作式クレーン		○	
同　５ t 未満のクレーンまたは同５T 以上の跨線テルハ			○
同　５ t 未満のデリック			○
同　５ t 以上の移動式クレーン	○		
同　１ t 以上５ t 未満の移動式クレーン		○	
同　１ t 未満の移動式クレーン			○

玉掛けの業務			
制限荷重１ｔ以上の揚貨装置、つり上げ荷重１ｔ以上のクレーン、移動式クレーンまたはデリック		○	
つり上げ荷重１ｔ未満のクレーン、移動式クレーンまたはデリック			○
揚貨装置の運転の業務			
制限荷重５ｔ以上	○		
同　５ｔ未満			○
ボイラー取扱い等の業務			
ボイラーの取扱い（以下のボイラーを除く）	○		
小規模ボイラーの取扱い		○	
小型ボイラーの取扱い			○
ボイラー（小型除く）又は第一種圧力容器（小型除く）の溶接	○		
ボイラー（小型除く）又は第一種圧力容器（小型除く）の整備	○		
溶接等の業務			
アセチレン溶接装置又はガス集合溶接装置を用いて行う金属の溶接、溶断、加熱の作業	○		
可燃性ガスおよび酸素を用いて行う金属の溶接、溶断または加熱の業務		○	
アーク溶接機を用いて行う金属の溶接、溶断の業務		○※	○
フォークリフトの運転の業務			
最大荷重１ｔ以上		○	
同　１ｔ未満			○
車両系建設機械の運転の業務			
機体重量３ｔ以上の整地・運搬・積込み用機械、掘削用機械の運転		○	
同　３ｔ未満の　〃			○
同　３ｔ以上の基礎工事用機械の運転		○	
同　３ｔ未満の　〃			○
基礎工事用機械の作業装置の操作			○
基礎工事用機械で、動力を用い、かつ不特定の場所に自走できるもの以外のものの運転			○

機体重量3t以上の解体用機械の運転	○	
同　3t未満の　〃		○
締固め用機械の運転		○
コンクリート打設用機械の作業装置の操作		○
ショベルローダー等の運転の業務		
最大荷重1t以上	○	
同　1t未満		○
不整地運搬車の運転の業務		
最大積載量1t以上	○	
同　1t未満		○
高所作業車の運転の業務		
作業床の高さ10m以上	○	
同　10m未満		○

※　特定化学物質作業主任者技能講習のうち、金属アーク溶接等作業に特化したもの（令和6年1月1日施行）

　作業主任者（安衛法14条、安衛令6条、安衛則16条）および就労制限業務（安衛法61条、安衛令20条）に従事する者は、技能講習修了者等の中から選任しなければなりません。作業主任者、就労制限業務従事者ともに、対象となる作業の内容が詳細に規定されています。

　また、作業主任者を選任した場合は、作業場の見やすいところに、その氏名や職務の内容を掲示するか、腕章などにより関係労働者に周知します。作業主任者の選任を怠ることは、直接事故の発生につながります。選任しない状態で重大災害が発生したときは、安衛法違反による刑事罰が科される可能性がありますので、十分な注意が必要です。

　なお、労基署は労災事故が起こっていない状態であっても、危険な状態が常態化していれば事前送検することがあります（例えば、無資格者による重機運転など）。

足場の組立て等作業主任者を選任することなく住宅工事用足場の解体作業を行わせた事業者を安衛法違反で書類送検

　川口労基署は令和6年2月14日、建築工事業を営む会社およびその管理者を、安衛法14条違反の容疑でさいたま地方検察庁に書類送検した。

〈事件の概要〉

　令和5年7月27日、埼玉県川口市の木造3階建て家屋新築工事現場において、同社作業員が足場から墜落して頸椎を損傷した事故。作業員は地上から5.9mにある足場の単管の上に乗り現場のメッシュシートの取り外し作業を行っていた。現場に安全帯の準備はなく着用していなかった。作業主任者になるための技能講習を修了した作業員が現場にいたものの、管理者が作業主任者として指名をしておらず、安全帯着用など労災防止対策の責任の所在が明確になっていなかったもの。

　作業主任者の種類等は次の通りです。

作業主任者の種類

作業主任者の種類	免許1／技能講習2	作業主任者の種類	免許1／技能講習2
高圧室内作業主任者	1	型枠支保工組立て等作業主任者	2
ガス溶接作業主任者	1	足場の組立て等作業主任者	2
林業架線作業主任者	1	建築物等の鉄骨の組立て等作業主任者	2
ボイラー取扱作業主任者	1または2	鋼橋架設等作業主任者	2
エックス線作業主任者	1	木造建築物の組立て等作業主任者	2

ガンマ線投下写真撮影作業主任者	1	コンクリート造の工作物解体等作業主任者	2
木材加工用機械作業主任者	2	コンクリート橋架設等作業主任者	2
プレス機械作業主任者	2	第一種圧力容器取扱作業主任者	1または2
乾燥設備作業主任者	2	化学設備第一種圧力容器取扱作業主任者	2
コンクリート破砕器作業主任者	2	特定化学物質作業主任者	2
地山の掘削及び土止支保工作業主任者	2	鉛作業主任者	2
ずい道等の掘削等作業主任者	2	四アルキル鉛等作業主任者	2
ずい道等の覆工作業主任者	2	酸素欠乏危険作業主任者（第1種）	2
採石のための掘削作業主任者	2	酸素欠乏危険作業主任者（第2種）	2
はい作業主任者	2	有機溶剤作業主任者	2
船内荷役作業主任者	2	石綿作業主任者	2
金属アーク溶接等作業主任者※	2		

※　特定化学物質作業主任者の業務のうち、金属アーク溶接等作業に特化したもの（令和6年1月1日施行）

②　職長教育・その他の教育等

　新たに職務につくこととなった職長や労働者を直接指揮または監督する者（作業主任者を除く）に対して、事業者は、作業方法の決定および労働者の配置に関すること、労働者に対する指導または監督の方法に関すること、リスクアセスメント、異常時等の措置、現場監督者の災害防止活動に関することなどについて、教育を行わなくてはならないとされています。

　安全衛生責任者が職長を兼ねることが多いため、職長等教育と安全衛生責任者教育は同時に行われることが推奨されており、講習機関のカリキュラムもそれに対応したものがあります。

また、危険または有害な業務に現に従事している者に対する安全衛生教育については、指針（平1.5.22公示第1号〜令3.3.17公示第6号）により定められています。対象者は、①就業制限に係る業務に従事する者、②特別教育を必要とする業務に従事する者、③ ①および②に準ずる危険有害な業務に従事する者、とされており、一定の期間ごとまたは取り扱う機械設備が新たなものに変わる場合等に実施する安全教育です（安衛法60条の2）。

　ほかにも、雇入れ時教育（安衛法59条1項）、作業内容変更教育（同2項）、危険有害な業務につかせるとき（同3項）、能力向上教育（安衛法19条の2）などもありますので、適切に実施しているか、フォローアップの必要がないかなどの確認をします。

▌安衛法に基づく教育（例）

種類	実施時期	対象者・対象業務	根拠法令等1	根拠法令等2
雇入れ時等教育	雇入れ時・作業変更時	全従業員	法59条1項および2項	則35条
特別教育	危険または有害な業務につかせる時	研削といし・動力プレス・アーク溶剤・電気等の取扱いの業務、フォークリフト・不整地運搬車・揚貨装置・走行集材機械等の運転の業務　他	法59条3項	則36〜39条
職長等教育	初任時	職長等（作業中の労働者を直接指揮・監督する者）	法60条	則40条
危険有害業務従事者教育	定期または随時	揚貨装置運転士・ボイラー取扱い業務・クレーン整備士・ガス溶接業務・フォークリフト運転業務・ローラー運転業務・玉掛業務　他	法60条の2	安全衛生教育指針
能力向上教育	選任時・定期および随時	安全管理者・衛生管理者・安全衛生推進者・衛生推進者・元方安全衛生管理者・店社安全衛生管理者・作業主任者	法19条の2	能力向上教育指針
能力向上教育に準じた教育	定期または随時	職長および安全衛生責任者等	—	安全衛生教育等推進要綱
再発防止教育（講習）	労働災害発生時	労働災害防止業務従事者・就業制限業務従事者	法99条の2〜3	

　作業員の現場入場にあたっては、作業員名簿の提出を求められます。この名簿には、社会保険、雇用保険等の加入記録のほか、免許や教育の履歴の記載や免許等の証書の提示なども求められることが多くなっています（200 頁参照）。

　また、元請についても安全管理指針において、関係請負人およびその労働者の把握について定め、関係請負人に対し、その名称、請負内容、安全衛生責任者の氏名、安全衛生責任者の選任の有無およびその氏名を通知させることとしています。なお、毎作業日の作業開始前までに仕事に従事する労働者の数を把握すること、そしてその労働者の安全衛生に係る免許・資格の取得および特別教育、職長教育の受講の有無等を把握するよう定められています。

4 ｜ 検査・調査等

①　検　査

　車両系建設機械をリースせず自社所有している場合は、安衛法に定められた必要な検査等を怠らないようにします。検査等を怠ったことで事故が発生し労働災害の引き金になることがあります。

　また、関係請負人が持ち込む建設機械等についても事前に通知させ、元請としてもこれを把握しておくとともに、定期自主点検検査、作業開始前点検等を怠らないよう指示を徹底しておきます。

②　調　査

　建築物や船舶の解体または改修工事における石綿の事前調査については、令和 5 年 10 月 1 日以降に着工する工事から、資格者が調査者となり調査を行うことが義務付けられています。

　また、建築物、工作物、船舶の解体または改修工事の事前調査において分析調査を行う場合は、令和 5 年 10 月 1 日以降に着工する工事から、

資格者が調査者となり調査を行うことが義務付けられています（石綿障害予防規則3条、4条の2、大気汚染予防法）。

　なお、事前調査者の要件は以下の通りです。

▌ 事前調査者の要件

☑ 特定建築物石綿含有建材調査者

☑ 一般建築物石綿含有建材調査者

☑ 一戸建て建築物石綿含有建材調査者

☑ 令和5年9月までに一般社団法人アスベスト調査診断協会に登録され、事前調査を行う時点において引き続き同協会に登録されている者

※　船舶の事前調査については、船舶石綿含有建材調査者講習の修了者が行うこととされています。

　また、建築物などの解体・改修工事を行う施工業者（元請）は、該当する工事で石綿含有有無の事前調査結果を労基署に報告することが義務付けられています。報告は、環境省が所管する大気汚染防止法に基づき、地方公共団体にも行う必要があります。この報告は、石綿が使用されていなかった場合にも必要とされています。

　なお、石綿事前調査結果報告システムにより報告します。このシステムによる報告には、GビズIDの登録が必要です。また、このシステムからの報告により、1回の操作で安衛法に基づく労基署への報告および大気汚染防止法に基づく地方公共団体の両方に報告することが可能です。

報告が必要な工事※個人宅のリフォームや解体工事を含む

- ・建築物の解体工事（解体作業対象の床面積の合計 80 m² 以上）
- ・建築物の改修工事（請負金額 100 万円以上（税込））
- ・工作物の解体・改修工事（請負金額 100 万円以上（税込））
- ・鋼製の船舶の解体・改修工事（総トン数 20 トン以上）

　なお、特定工作物等の解体または改修工事における調査者等による事前調査の義務付けは、令和8年1月1日以降に着工する工事から施行されます。

【実務上のポイント】

① 必要な資格、教育は必ず担保し、職務にあたらせること。

② 免許・技能講習・特別教育が混在している業務があること。

③ 必要な定期検査や調査等を怠らないこと。

④ 重大な労働災害が発生した場合は、①②③の不備が事故の直接の原因であると判断される（「第〇条違反」とされるなど）可能性が高いことに留意すること。

13 リスクアセスメント

　労災事故については、法違反の有無にかかわらず、民事的な責任や社会的な責任も伴います。そのため建設現場の安全対策は、一般的な法律を遵守することだけでは十分とはいえません。特に元請会社となっている場合は、現場のすべての安全管理に関する大きな責任を負っています。

　安全対策を効率よく行うための有力な方法の1つがリスクアセスメントです。安衛法28条の2では、事業者が行うべき「危険性または有害性等を調査し、その結果に基づく措置」について規定されており、建設業はその対象業種となっています。

　リスクアセスメントは、まず現場にある危険性や有害性を洗い出すことから始めます。そして、それが具現化する可能性の度合いと、実際に負傷または疾病が発症したときの被害の重篤さを見積もります。そして、そのリスクレベルの高いもの、緊急性の高いものから対策を講じていくという手法です。

　なお、令和6年4月の改正により化学物質のリスクアセスメントは特定化学物質障害予防規則や有機溶剤中毒予防規則などの法令により義務付けされた事業場においてのみ行うものではなく、有害性に関する情報量が多いとされている安衛法57条の2および安衛法施行令18条で定められるリスクアセスメント対象物質を製造、取り扱いまたは譲渡提供するすべての事業場において自律的な管理を行うこととなりました。また、これに伴い化学物質管理者や保護具着用管理責任者などの選任も義務付けられました（284頁参照）。

　建設業においても、これに該当する可能性があることはもちろん、危険、有害な作業が多くあることから、積極的にリスクアセスメントを行

い、労働者および関係請負人の保護に努めることが必要です。

リスクアセスメント実施手順

≪第1ステップ≫　危険性または有害性の洗い出し→≪第2ステップ≫リスクの見積り→≪第3ステップ≫対策優先度の設定→≪第4ステップ≫リスク軽減措置の検討→≪第5ステップ≫リスク軽減措置の実施

　なお、リスクの見積りや対策優先度の設定にあたってはこれらを数値化して検討することが多くなっています。中小規模事業場における具体的な手法については、厚労省の検索サイト「職場のあんぜんサイト　リスクアセスメントの実施支援システム　建設業」において建設業の全汎用版および15作業区分に分類したリスクアセスメントの実施支援システムが公開されています。

　中小規模事業場においては、安全対策は事故が発生してから考えるということが多々見受けられます。特に、小さな事故では特別な対策は取っていないということも少なくありません。しかし、小さな事故は大きな事故の前触れとして考えるべきとされています。

　人命に直結する労災事故が少なくない建設業、運輸業などでは「ハインリッヒの法則」と呼ばれる労働災害に関する経験則が重視されています。重大事故が1件生じる背景には29件の軽微な事故があり、さらにその背景には300件の小さなミスや異常が存在するというもので「1：29：300の法則」とも呼ばれています。

　小さな事故こそいずれ大きな事故が発生する可能性があることの予兆として考えるべきということです。

【実務上のポイント】
① 厚労省の「職場のあんぜんサイト」にあるリスクアセスメントの実施支援システムが有用であること。
② リスクアセスメントは作業手順の見直しに役立ち、災害防止に即効性があること。

14 │ その他の安全管理活動

① 安全衛生基本計画の周知（掲示）

> a）　安全衛生方針
> b）　安全衛生目標（重点目標と実施事項の具体例）

② 責任と権限の明確化

③ 作業環境の整備（施設面・安全面・衛生面など）

④ 安全施工サイクルの実施

> a）　毎日の実施事項
>   安全朝礼・安全ミーティング→安全点検→安全巡視→作業中の指導・監督→安全工程打合せ・作業安全指示→作業→持場後片付け→終業時の確認
> b）　毎週の実施事項
>   ア）安全工程打合せ、イ）安全点検、ウ）一斉片付け
> c）　毎月の実施事項
>   ア）安全衛生協議会、イ）安全点検、ウ）月例集会

⑤　法違反を防止するための点検・指導（保護具の着用など）

⑥　重機等に関する安全点検・指導

⑦　安全点検体制の確認（巡回・点検・目標推進状況管理・日誌作成・引継ぎ等）

⑧　作業標準の活用

⑨　災害防止・作業員のモチベーションを上げるための施策の実施（提案箱の設置・安全表彰・その他の表彰または競争制度の採用）

⑩　安全委員会の開催

　その他、安全再教育の実施（講習会、スライド映写会、他現場への見学等）、安全大会などの行事の実施、標識の設置・腕章の着用などを通した活動を行います。

【実務上のポイント】

① 元請・下請が一体となって安全管理活動に取り組むこと。

② 安全管理活動が形骸化しないよう留意すること。

　現場での法令違反がないことはもちろんのことですが、最も大切なことは、安全に作業ができることです。その感覚を持って現場を見ると危険な箇所が見えてきます。

　例えば、整理整頓です。足場の周りが雑然としていれば、それは危険な状態といえます。通路に関する安衛法の規定もありますが、その規定を知らなかったとしても、普通の目で見て危ないと思われる箇所の改善は積極的に行うことができます。

　そのうえで、法令上の決まりがあればそれは最低限守らなければならないこととして対策を講じます。墜落防止対策の手すり、転倒防止対策など、様々な場面で同様のことがいえます。法令上の決まり、という知識面だけではなく、日ごろから安全か否かという視点で現場を見るよう心掛けることが重要です。

　労災事故が発生した際、事業主が労働安全衛生法違反を疑われたり、事業者に業務上過失致死傷罪の成立が疑われたりした場合、警察が捜査を開始し、事業主が書類送検されたと言われることがあります。

　書類送検とはニュースでもよく耳にする言葉です。

　司法警察員が犯罪の捜査をしたときは、速やかに書類および証拠物とともに事件を検察官に送致しなければならないと規定されています（刑事訴訟法246条）。そのうち、送致の方法として、被疑者（事業主）が身体拘束（逮捕）されていない場合に、事件を送致することを書類送検などと呼んでいますが、実は法律用語ではありません。

　事件の送致を受けた検察官は、裁判所に起訴をして処罰を求めるか否かを決めます。

　重大な死傷結果が発生した労災事故の場合、警察が介入し捜査を開始することは多々あるようです。事業主が逮捕されるかどうかは、捜査側や裁判所の判断となりますが、事業主は逮捕されずとも、検察官に送致（いわゆる「書類送検」）されれば、検察官は裁判所に対し、事業主について刑事罰を求める可能性があるのです。

　警察介入の労災事故に関連して、意外とよく聞くのが、労災事故の被害者が外国人労働者の場合、事業主に出入国管理及び難民認定法違反の容疑が判明することがあるようです。外国人労働者に在留資格がなかったり、就労できる資格がないことが判明する例があります。これらの者を雇用すると、事業主は不法就労させた者として罰せられる可能性がありますので注意が必要です。

第9章

健康の保持増進

1 | 事業場における労働者の
健康保持増進のための指針

　安衛法70条の2第1項に基づき、事業者における労働者の健康保持増進措置が適切かつ有効に実施されるため、「事業場における労働者の健康保持増進のための指針」が定められています。

　この指針が令和5年4月1日に改正されました。

　主な改正内容は次の通りです。

---

　①　コラボヘルス（※）の推進に積極的に取り組む必要があること。

　②　労働者の健康状態等が把握できる客観的な数値等のデータを、医療保険者と連携して事業場内外の複数の集団間のデータと比較し、労働者の健康状態の改善等に積極的に活用することが重要であること。

　③　健康保持増進措置に関する記録を電磁的な方法で保存・管理させることが適切であること。

※　コラボヘルスとは、保険者と事業者が積極的に連携し、明確な役割分担と良好な職場環境のもと、加入者の予防・健康づくりを効率的・効果的に実行すること。

2 ｜ 健康診断

1 ｜ 健康診断の種類等

　事業者は、労働者に対して医師による健康診断を実施し、その健康診断の結果を本人に通知しなければなりません。なお、労働者は事業者の行う健康診断を受ける義務があります。ただし、事業者の行う健康診断を受診せず、労働者が自ら健康診断を受けてその結果を事業者に提出する方法でもよいとされています。

　健康診断には大きく分けて次の種類があります。

健康診断の種類

①　一般健康診断（安衛法 66 条 1 項）
②　特殊健康診断（安衛法 66 条 2 項、じん肺法 7～11 条）
③　歯科医師の健康診断（安衛法 66 条 3 項）
④　臨時の健康診断等（安衛法 66 条 4 項）
⑤　深夜業従事者の自発的健康診断（安衛法 66 条の 2）
⑥　健康管理手帳所持者の健康診断（安衛法 67 条 2 項）
⑦　2 次健康診断（労災法 26 条 2 項）

　このうち①には、雇入れ時、海外派遣、給食従事者の検便、定期健康診断、特定業務従事者の健康診断を含みます。

　なお、雇入れ時の健康診断においては、労働者が診断後 3 カ月を経過していない健康診断書を提出した場合には、その項目に限って当該健康

診断を省略することができます。

　特定業務従事者とは、次の業務（安衛則 13 条 1 項 3 号に掲げる業務）を行う者をいいます。

特定業務従事者の行う業務

① 多量の高熱物体を扱う業務および暑熱な場所における業務
② 多量の低温物体を扱う業務および著しく寒冷な場所における業務
③ ラジウム放射線、エックス線その他有害放射線にさらされる業務
④ 土石、獣毛等のじんあいまたは粉末を著しく発散する場所における業務
⑤ 異常気圧下における業務
⑥ さく岩機、鋲打ち機等の使用によって、身体に著しい振動を与える業務
⑦ 重量物の取扱い等重激な業務
⑧ ボイラー製造等強烈な騒音を発する場所における業務
⑨ 坑内における業務
⑩ 深夜業を含む業務
⑪ 水銀、砒素、黄りん、弗化水素酸、塩酸、硝酸、硫酸、青酸、か性アルカリ、石炭酸その他これらに準ずる有害物を取り扱う業務
⑫ 鉛、水銀、クロム、砒素、黄りん、弗化水素、塩素、塩酸、硝酸、亜硫酸、硫酸、一酸化炭素、二酸化炭素、青酸、ベンゼン、アニリン、その他これらに準ずる有害物のガス、蒸気または粉じんを発散する場所における業務
⑬ 病原体によって汚染のおそれが著しい業務
⑭ その他厚生労働大臣が定める業務

健康診断の種類と対象業務

健康診断の種類・対象業務	実施時期					備考	関係法令・通達
	雇入れ	配置替え	6月以内	1年以内	その他		
一般健康診断（法66条1項）							
雇入れ時	○						則43条
一般定期健康診断 ※				○			則44条
特定業務従事者 ※		○	○				則45条
海外派遣労働者（6カ月以上）					○	海外派遣時／帰国し国内業務に従事	則45条の2
事業場付属の施設にての給食業務（検便）	○	○					則47条
深夜業務従事者（法66条の2）（深夜業が6カ月平均4回／月以上）					○	自発的健康診断（労働者の判断）	則50条の2
特殊健康診断（法66条2項・じん肺法7〜11条）★							
粉じん作業					○	就業時／管理区分ごとに定期 他	じん肺法7-9条 じん肺則4-12条 安衛法67条2項
石綿等取扱業務等	○	○	○		○	過去従事者（6月以内毎に1回）	令22条・石綿則40条・安衛法67条2項
有機溶剤を取り扱う業務	○	○	○				令22条・有機則29条
特定化学物質を取り扱う業務	○	○	○			過去従事者（別表3の指定期間ごとに1回）	令22条・特化則39条
高圧室内業務・潜水業務	○	○	○				令22条・高圧則38条
鉛を取り扱う業務	○	○	○			換気が不十分な場所でのはんだ付け等は1年以内ごとに1回	令22条・鉛則53条
四アルキル鉛等を取り扱う業務	○	○	○		○	3カ月以内ごとに1回	令22条・四アルキル則22条
放射線を取り扱う業務	○	○	○				令22条・電離則56条
除染等業務	○	○	○				除染電離則20条
ガス等を発散する場所における業務（法66条3項）※（塩酸・硝酸・硫酸・亜硫酸・フッ化水素・黄りん等）	○	○	○			歯科医師の健康診断	令22条 則48条
指導勧奨による健康診断★							
チェーンソーの取扱い業務	○	○	○				昭48.10.18基発第597号
振動工具取扱い等の業務（チェーンソー以外）	○	○	○	○		工具により異なる（6カ月以内ごとに1回のうち、1回は冬期、その他は1年以内ごとに冬期に1回）	昭49.1.28基発第45号
騒音発生場所の業務	○	○	○				平4.10.1基発第546号
腰部に著しい負担のかかる業務（重量物取扱い等）		○	○			配置直前（再配置を含む）	平25.6.18基発0618第1号
VDT関連業務		○	○			配置前（再配置を含む）	平14.4.5基発0405001号
その他多数（指導勧奨による特殊健康診断結果報告書裏面および各通達にて確認）							

※常時50人以上の労働者を使用する事業者は、遅滞なく定期健康診断結果報告書を労基署長に提出

★すべての事業者は、特殊定期健康診断結果報告書または指導勧奨による特殊健康診断結果報告書を労基署長に提出

深夜業従事者（健康診断受診前6カ月を平均して月当たり4回以上）が自発的に健康診断を実施し、その結果を事業主に提出したときは、事業主は、提出された内容について2カ月以内に医師等からの意見を聴取したうえで、必要な事後措置（作業場所の変更、作業の転換、労働時間の短縮、深夜業の回数の減少、作業環境測定の実施等）を講じなければなりません。他の健康診断の事後措置については、3カ月以内に医師の意見を聴き、同様に必要な事後措置を講じます。なお、特に健康保持が必要な者については、保健指導の実施および医師の意見を衛生委員会等に報告する等の適切な措置を講じる必要があります。

　また、指導勧奨による健康診断は、通達により定められた健康診断という位置付けのものです。健診の種類は多岐にわたりますので、指導勧奨による特殊健康診断結果報告書の裏面が参考になります（324頁参照）。

　②の特殊健康診断とは、一定の有害な業務に従事する労働者に対し、特別の項目について定期的に行う健康診断です。

█ 特種健康診断の必要な主な業務

- ・高気圧業務
- ・放射線業務
- ・特定化学物質業務
- ・石綿業務
- ・鉛業務
- ・四アルキル鉛業務
- ・有機溶剤業務

　特殊健康診断の実施頻度は業務によって異なりますが、令和5年4月1日より、「有機溶剤」「特定化学物質」「鉛」「四アルキル鉛」の特殊健康診断について、一定の要件を満たす場合、実施頻度が「6カ月以内ごと」から「1年以内ごと」に緩和できるように変更になりました。

2 | 異常所見があった場合の対応

　健康診断の結果、異常所見がある者については、その健康診断から3カ月以内に医師の意見を聴いて、健康診断個人票に記載しなければなりません。50人未満の小規模事業者であれば、この意見聴取は地域産業保健センターにて無料で実施してもらうことも可能です。

　この医師の意見は、就業上の措置についての意見であり、その区分は、通常勤務、就業制限、要休業の3区分です。

　要休業と判定された者については、一定期間就業させない措置が必要です。また、就業制限の判定をされた者については、勤務による負荷を軽減するための労働時間の短縮、出張の制限、時間外労働の制限、作業の転換、就業場所の転換、深夜業の回数減などの措置を講じます。これらの措置は労働者の意見を聴いたうえで、プライバシーにも配慮しながら行う必要があります。

　なお、315頁の■⑦2次健康診断の対象者は、健康診断の結果、脳・心臓疾患に関する項目のすべてが有所見であった者です。ただし、これに該当しない場合であっても、異常所見が認められた場合は、事業者は対象者を把握したうえで、受診推奨を行い、その結果の提出を働きかけることが必要です。

　また、特に必要と認められた労働者には医師または保健師の保健指導を行うように努める必要もあり、労働者もこの保健指導を利用してその健康の保持に努めることとされています。

　事業者は、健康診断の結果について適正な事後措置を取らなければならない反面、労働者には再検査等の受診義務がないことから、受診に消極的になる場合もあるため、事業者は受診時間分の賃金を支払う、受診費用を負担するなどの対策についても検討することが必要です。

　なお、受診勧奨に応じない労働者については、複数回にわたって受診勧奨をした記録を残すことが重要です。また、当該労働者の行う業務の

内容と異常所見の内容を踏まえて医師の意見を勘案した結果、就業させることに危険があると判断された場合は就業を拒否するなどの検討が必要となることがあります。

3 費用負担等

315頁「健康診断の種類」の①から④（安衛法66条1項から4項）の健康診断に要する費用は、事業者に健康診断の実施義務を課していることから、当然に、事業者の負担となります。

また、所定労働時間内に健康診断を受診させる必要があるかどうか（健康診断の受診に要した時間に関する賃金支払い）に関して、労働者一般に対して行われる、いわゆる一般健康診断については、一般的な健康の確保をはかることを目的として事業者にその実施義務を課したものであり、業務遂行との関連において行われるものではないので、当然には事業者の負担すべきものではなく労使協議で定めるべきものとされており、必ずしも所定労働時間内に実施する必要はありません。しかし、労働者の健康の確保は、事業の円滑な運営の不可決な条件であることを考えると、その受診に要した時間の賃金を事業者が支払うことが望ましいとされています。

なお、特定の有害な業務に従事する労働者について行われる健康診断（特殊健康診断等）は、事業の遂行に伴って当然実施されなければならない性格のものであり、それは所定労働時間内に行われることを原則としています。また、特殊健康診断の実施に要する時間は労働時間と解されるので、賃金カットをしてはならないことはもとより当該健康診断が時間外に行われた場合には、当然割増賃金を支払わなければなりません（昭47.9.18基発602号）。

健康診断実施後の流れ

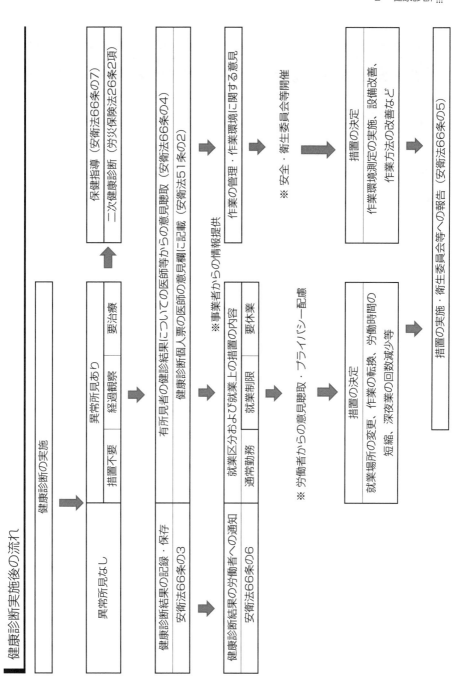

4 | 届 出

① 届出義務

健康診断結果報告書の提出義務がある以下の事業者は、遅滞なく所轄労基署に届け出る必要があります。

健康診断結果報告書の提出義務がある事業者

---

① 常時 50 人以上の労働者を使用する事業者

  a）対象となる健康診断

    ・定期健康診断（安衛法 66 条 1 項）

    ・特定業務従事者の健康診断（安衛法 66 条 1 項）

    ・歯科医師による健康診断（安衛法 66 条 3 項）

  b）提出様式：定期健康診断結果報告書

② すべての事業者

  a）対象となる健康診断

    ・特殊健康診断等（安衛法 66 条 2 項、じん肺法）

    ・指導勧奨による特殊健康診断（各種通達）

  b）提出様式：特殊健康診断等→特殊健康診断結果報告書

             指導勧奨による特殊健康診断→指導勧奨による

                    特殊健康診断結果報告書

指導勧奨による特殊健康診断結果報告書

指導勧奨による特殊健康診断結果報告書

標準字体 `0 1 2 3 4 5 6 7 8 9`

`8 0 3 0 9`　　**事務所がある場合は事務所の番号**　　ページ/総ページ `0 1 / 0 1`

| 労働保険番号 | （府県 所掌 管轄 基幹番号 枝番号 統一括事業場番号） | 在籍労働者数 | 15 人 |

| 事業場の名称 | ○○土木株式会社 | 事業の種類 | 建設業（土木事業） |

事業場の所在地　郵便番号（○○-○○○○）
○○県 ○○市 ○○×-×-×　　電話 ○○○（○○○）○○○○

| 対象年 | 7:平成 9:令和 → 元号 年 `9 0 1`（9月～10月分）（報告 1 回目） | 健診年月日 | 7:平成 9:令和 → 元号 年 `9 0 1 1 0 2 1` |

健康診断実施機関の名称　○○医院

健康診断実施機関の名称　○○県 ○○市 △-△-△　　第二次健康診断　年　月　日

項目	業務の種別 ☆裏面参照 業務コード `2 4` 具体的業務内容（さく岩機取扱い）	業務コード □□ 具体的業務内容（　　）	業務コード □□ （　　）
従事労働者数	3 人	人	人
第一次健康診断 受信者数	3 人	人	人
第一次健康診断 上記のうち有所見者数	0 人	人	人
第二次健康診断 対象者数	0 人	人	人
第二次健康診断 受診者数	0 人	人	人
健康管理区分 管理A該当者	3 人	人	人
健康管理区分 管理B該当者	0 人	人	人
健康管理区分 管理C該当者	0 人	人	人

| 産業医 | 氏名 |
| | 所属医療機関の名称及び所在地 |

令和 ○ 年 ○ 月 ○ 日

事業者職氏名 ○○建設株式会社
○○ 労働基準監督署長殿　　代表取締役 ○○○○　　受付印

323

指導勧奨による特殊健康診断結果報告書入力（裏面）

備考

1　□□□で記入された枠（以下「記入枠」という。）に記入する文字は、光学的文字読取装置（OCR）で直接読み取りを行うので、汚したり、穴をあけたり、必要以上に折り曲げたりしないこと。

2　記載すべき事項のない欄又は記入枠は、空欄のままとすること。

3　記入枠の部分は、必ず黒のボールペンを使用し、様式右上に記載された「**標準字体**」になって、枠からはみ出さないように大きめのアラビア数字で明りょうに記載すること。

4　「対象年」の欄は、報告対象とした健康診断の実施年を記入すること。

5　1年を通し順次健診を実施して、一定期間をまとめて報告する場合は、「対象年」の欄の（　月～　月分）にその期間を記入すること。また、この場合の健診年月日は報告日に最も近い健診年月日を記入すること。

6　「対象年」の欄の（報告　回目）は、当該年の何回目の報告かを記入すること。

7　「事業の種類」の欄は、日本標準産業分類の中分類によって記入すること。

8　「健康診断実施機関の名称及び所在地」の欄は、健康診断を実施した機関が2以上あるときは、その各々について記入すること。

9　「在籍労働者数」及び「従事労働者数」の欄並びに「第一次健康診断」の欄の受診者数は、健診年月日現在の人数を記入すること。なお、この場合、「在籍労働者数」は常時使用する労働者数を、「従事労働者数」は別表に掲げる業務に常時従事する労働者数をそれぞれ記入すること。

10　「業務の種類」の欄は、別表を参照して、該当コードをすべて記入し、（　）内には具体的業務内容を記載すること。なお、コードに＊を付したものについては第二次健康診断及び健康管理区分欄を空欄とすること。また、該当コードを記入枠に記入しきれない場合には、報告書を複数枚使用し、2枚目以降の報告書については、該当コード及び具体的業務内容のほか「労働保険番号」、「健診年月日」及び「事業場の名称」の欄を記入すること。

別表

コード	業　務　の　内　容
01*	紫外線・赤外線にさらされる業務
02*	著しい騒音を発生する屋内作業場などにおける騒音作業
03*	マンガン化合物（塩基性酸化マンガンに限る。）を取り扱う業務、又はそのガス、蒸気若しくは粉じんを発散する場所における業務
04*	黄りんを取り扱う業務、又はりんの化合物のガス、蒸気若しくは粉じんを発散する場所における業務
05*	有機りん剤を取り扱う業務又は、そのガス、蒸気若しくは粉じんを発散する場所における業務
06*	亜硫酸ガスを発散する場所における業務
07	二酸化炭素を取り扱う業務又は、そのガスを発散する場所における業務（有機溶剤業務に係るものを除く。）
08*	ベンゼンのニトロアミド化合物を取り扱う業務又はそれらのガス、蒸気若しくは粉じんを発散する場所における業務
09	脂肪族の塩化又は臭化化合物（有機溶剤として法律に規定されているものを除く。）を取り扱う業務又はそれらのガス、蒸気若しくは粉じんを発散する場所における業務
10*	砒素化合物（アルシン又は砒化カリウムに限る。）を取り扱う業務又はそのガス、蒸気若しくは粉じんを発散する場所における業務
11	フェニル水銀化合物を取り扱う業務又はそのガス、蒸気若しくは粉じんを発散する場所における業務
12	アルキル水銀化合物（アルキル基がメチル基又はエチル基であるものを除く。）を取り扱う業務又はそのガス、蒸気若しくは粉じんを発散する場所における業務
13	クロルナフタリンを取り扱う業務又はそのガス、蒸気若しくは粉じんを発散する場所における業務
14	沃素を取り扱う業務又はそのガス、蒸気若しくは粉じんを発散する場所における業務
15	米杉、ネズコ、リョウブ又はラワンの粉じん等を発散する場所における業務
16*	超音波溶着機を取り扱う業務
17	メチレンジフェニルイソシアネート（M.D.I）を取り扱う業務又はこのガス若しくは蒸気を発散する場所における業務
18*	フェザーミル等飼肥料製造工程における業務
19*	クロルプロマジン等フェノチアジン系薬剤を取り扱う業務
20*	キーパンチャーの業務
21*	都市ガス配管工事業務（一酸化炭素）
22*	地下駐車場における業務（排気ガス）
23	チェーンソー使用による身体に著しい振動を与える業務
☆　24	チェーンソー以外の振動工具（さく岩機、チッピングハンマー、スインググラインダー等）の取り扱いの業務
25*	重量物取扱い作業、介護作業等腰部に著しい負担のかかる作業
26*	金銭登録の業務
27*	引金付工具を取り扱う作業
29*	ＶＤＴ作業　　←　　令和元.7.12ガイドライン変更あり
30*	レーザー機器を取扱う業務又はレーザー光線にさらされるおそれのある業務

　指導勧奨による特殊健康診断対象業務のうち、ＶＤＴ作業については、令和元年7月12日基発0712第3号「情報機器作業における労働衛生管理のためのガイドラインについて」により対象業務が広がっています。また、「本ガイドラインは、事務所において行われる情報機器作業を対象としたものであるが、ディスプレイを備えた当該機器を使用して、事務所以外の場所で行われる情報機器作業等についても、できる限り本ガイドラインに準じて労働衛生管理を行うよう指導されたい」とされています。なお、平成14年4月5日付基発0405001号「ＶＤＴガイドライン」は廃止されました。

【実務上のポイント】

① 　従事する業務ごとに必要な健康診断を把握し実施すること。

② 　有所見者に関しては就業についての医師の意見（「通常勤務」「就業制限」「要休業」の3区分）を聴き、健康診断結果報告書に記載すること。これについては必ずしも健康診断を行った医師が記載するものという決まりはないため、依頼する場合は事前に医療機関にその旨を伝える必要があること。

③ 　医師の意見聴取の結果、休業や就業制限などの措置を講じる場合は、プライバシーに配慮しつつ労働者の意見を聴きながら慎重に行うこと。

3 | 長時間労働者への 医師の面接指導

　働き方改革関連法により平成 31 年 4 月 1 日から、長時間労働者やメンタルヘルス不調者等、健康リスクが高い状況にある労働者の異変を見逃さないため、産業医等による面接指導や健康相談等を確実に実施するよう、産業医・産業保健機能と面接指導等が強化されました。労働時間管理についても、これに関連してガイドラインが法律に格上げされています（安衛法 66 条、安衛則 52 条、平 18 基発 0224003 号）。

1 | 時間外・休日労働が 80 時間を超えている労働者（66 条の8）

　事業者は、1 週 40 時間を超えて労働させた場合、その超えた時間（以下、「時間外・休日労働」という）が 1 月当たり 80 時間を超え、かつ疲労の蓄積があり、面接指導の申出を行った労働者に対し、申出から遅滞なく（概ね 1 月以内に）医師による面接指導を実施しなければなりません。この対象者には、管理監督者も含まれます。

　また、面接指導の費用の負担は、法で面接指導の実施の義務を課していることから、事業者が負担するものとされています。なお、面接指導の時間は労使協議により決定すべきものですが、労働者の健康の確保は、事業の円滑な運営の不可欠な条件であることを考えると、面接指導を受けるのに要した時間の賃金を支払うことが望ましいとされています。

　現場労働者における面接指導は、元請会社ではなく所属する会社ごと（下請会社等）に実施義務が課されています。

2　時間外・休日労働が月80時間以下の労働者（66条の9）

　時間外・休日労働が1カ月当たり80時間以下であっても、疲労の蓄積があり面接指導の申出を行った者に対する面接指導は努力義務として規定されています。脳・心臓疾患の発症の予防的な意味を含め、健康への配慮が必要な者に対して前1に準じた必要な措置が求められています。

3　時間外・休日労働時間数の算定方法

　1月当たりの時間外・休日労働の算定は、次の計算式により行うこととされています。これは、特例措置対象事業場、変形労働時間制やフレックスタイム制を採用している事業場についても同様です。

1月当たりの時間外・休日労働の算定方法

> 　1カ月の総労働時間数（所定労働時間数＋時間外労働時間数＋休日労働時間数）－（計算期間（1カ月間）の総暦日数÷7）×40

　なお、この算出による時間数と、労働者の把握している時間数に差異があり、その確定に時間を要する場合は、面接指導の申出をしたことにより、「疲労の蓄積があると認められる者」として取り扱うものとされていることから、健康確保の観点により、まずは面接指導を行うことが望ましいといえます。

4　小規模事業場における面接指導

　常時使用する労働者が50人未満の小規模事業場では、産業医の選任

義務がないため、面接指導の依頼先がわからないという場合があります。その場合は、地域産業保健センター（※）を活用することにより面接指導を実施することができます。当該センターでは、「健康診断結果に基づく医師からの意見聴取」、「脳・心臓疾患のリスクが高い労働者に対する保健指導」、「メンタルヘルス不調の労働者に対する相談・指導」、「長時間労働者に対する面接指導」等の事業を無料で行っています。なお、当該センターの利用は非常に混み合うことが多いため、早めの予約が必要です。

> ※　地域産業保健センターは、労働者数50人未満の小規模事業場の事業者や労働者に対して、医師による面接指導の相談や産業保険指導などを無料で提供しています。

5 ｜ 面接指導実施体制の周知

　労働者からの面接指導の申出は、事業場の労働者にその周知をしなければ実現しません。事業者は、申出様式の作成または申出窓口を設定し、労働者へ申出方法等について周知徹底するなど申出しやすい環境を整え、医師の面接指導を実施する場合における事業所で定める必要な措置の実施に関する基準を策定します。

　また事業者は、面接指導の実施のため、労働者の労働時間をタイムカードの記録、パソコン等使用時間の記録等客観的な方法その他適切な方法により把握し、3年間保存しなければなりません。そして、時間外・休日労働時間が1月当たり80時間を超えた労働者に対しては、速やかに（概ね2週間以内）その超えた時間の情報を通知しなければなりません。通知の方法は、書面や電子メールのほか、給料明細に時間外・休日労働の時間数が記載されている場合は、これを以て労働時間に関する情報の通知と考えることができます。

6　面接指導実施後の措置

　事業者は医師による面接指導が実施された後、その結果について遅滞なく、医師からの意見聴取を行います。医師の意見を勘案して健康保持の必要があると認める場合は、就業場所の変更、作業の転換、労働時間の短縮、深夜業の回数制限等適切な措置を講ずるほか、当該医師の意見を衛生委員会もしくは安全衛生委員会または労働時間等設定改善委員会へ報告し、適切な措置を講じなければなりません。なお、事業者は、医師の意見が記載された面接指導の結果の記録を作成して、5年間保管する必要があります。

面接指導を実施する場合における「事業所で定める必要な措置の実施に関する基準」（例）

【過重労働の定義】
過重労働該当者とは次のいずれかに該当する者をいう。
①　時間外労働＋休日労働の時間数が1月当たり80時間以上
②　法定休日労働を行った回数が過去3カ月連続して月2回以上
【過重労働者の把握】
毎月の勤怠締日（月末）のデータを使用し、翌月10日までに本社にて検証する。
データは、勤怠管理システムによる勤怠データや日報等、所属や勤務内容により適切なものを使用する。
集計データは、面接指導を行う場合に備えて保管し、面接指導を行う産業医等に提供する。
【面接対象者の選定】
面接対象者は、過重労働の定義に該当する者のうち、疲労の蓄積が認められ、申出を行った者および所属長・産業医等が必要と認めた者とする。
【面接対象者の呼び出し】

対象となる者について、産業医および会社が特に必要と認めた場合は、所属長を通して面接指導の申出をするよう勧奨通知および面接指導申出書を交付する。

【面接の実施】

面接指導は、申出を受けた後、産業医または地域産業保健センターに依頼し（本人希望の医師等による面接指導の場合を除く）、1カ月以内を目途に実施する。その場合、会社は必要な情報の提供をするものとする。

【事後措置】

面接指導の結果は、産業医等から人事部門あてに提出を受ける。会社は面接指導の結果に基づき、医師からの意見聴取を行い衛生委員会等へ報告し、必要な措置を講じる。（措置例：労働時間の短縮・就業場所の変更・作業の転換・深夜業の回数の減少等）

【フォローアップ】

面接指導の結果、経過観察が必要と判断された者については、必要に応じて産業医等による定期的なフォローアップの面接を行うことができるものとする。

【記録の取扱い・保管】

面接指導の結果は、個人情報であるため厳重に保管する必要がある。なお、面接指導の事務に従事した者には守秘義務が課せられる。この書類は5年間保管しなければならない。

【実務上のポイント】

① 面接指導対象者の選定、申出の仕組み等について定め、これをあらかじめ労働者へ周知すること。

② 申出があった労働者は疲労の蓄積が認められる者と考えること。

③ 面接指導の結果を踏まえ、労働者の就労に関して、必要に応じて適切な措置を講じること。

4 産業医・産業保健機能の強化

　事業場における常時使用する労働者数が50人以上になると、次の5つの事項が事業主の義務となります。各場面において産業医の果たす役割は大きく、働き方改革関連法により産業医および産業保健機能の強化が図られました（安衛法13条、安衛則13〜15条、安衛令5条）。

▌事業主に求められる事項（義務）

> ①産業医の選任、②衛生管理者の選任、③衛生委員会の設置、④定期健康診断結果の報告書提出、⑤ストレスチェックの実施

1 産業医の選任

　産業医は常時50人以上の労働者を使用する事業場に選任義務がありますが、それ以外の事業場においても、労働者の健康管理等を行うのに必要な医学に関する知識を有する医師等に労働者の健康管理等の全部または一部を行わせるよう努めなければならないとされています。1事業場での選任が難しい場合は、複数の事業所が共同して選任することも可能です。

　産業医は医師の中でも、厚生労働大臣が定める研修を修了した者等の要件を備えた者でなければ選任できません。産業医を選任したら14日以内に所轄労基署に産業医選任報告を届け出ます。この届出は、統括安全衛生管理者・安全管理者・衛生管理者の届と同じ様式を使用します。

提出の際は、医師免許証のコピーと産業医資格を保持していることを証する書面を添付して提出します。

なお認定産業医とは、日本医師会の認定を受けた産業医です。5年ごとの更新があり、認定および更新には一定の研修を修了していることが求められています。

産業医の選任にあたっては、医師会の紹介を受けるほか、産業医を紹介するサービスを提供している事業者を利用する方法もあります。

2 産業医の職務内容

産業医の行う職務内容は次の通りです。

産業医の行う職務内容

① 健康診断の実施、労働者の健康保持のための措置および面接指導等

② 作業環境の維持管理（作業環境測定は専門業者が対応）

③ 作業の管理に関すること

④ 労働者の健康管理に関すること

⑤ 健康教育、健康相談等

⑥ 衛生教育に関すること

⑦ 健康障害の原因調査、再発防止措置

⑧ 過重労働による健康障害防止
（長時間労働者の面接指導・事後措置に関わる助言・勧告）

⑨ メンタルヘルスに関する事項
（ストレス対策、関連疾患のケアに関する助言・指導）

⑩ 勧　告
（労働者の健康の保持のための必要な勧告、また労働者の健康障害の防止に関して、総括安全衛生管理者に対する勧告または

衛生管理者に対する助言・指導）

⑪　毎月1回の作業場巡視　※一定の場合は2カ月以内ごとに1回

　なお、事業者が産業医に依頼する事項は、①衛生委員会への出席、②定期的な職場巡視、③健康診断の結果チェック・医師の意見欄記載、④ストレスチェックの実施、⑤高ストレス者の面接指導、⑥長時間労働者の面接指導、⑦休職面談、⑧復職面談、⑨健康相談、⑩衛生講和などが考えられます。

3 | 産業医の権限の具現化

　働き方改革関連法による面接指導等の強化と同時に、産業医・産業保健機能も強化されており、産業医の権限等が具現化されました。事業者が産業医に付与すべき権限は次の通りです。

産業医に付与すべき権限

①　事業者または総括安全衛生管理者に対して意見を述べること
②　労働者の健康管理等を実施するために必要な情報を、対面またはアンケート調査により労働者から収集すること
③　労働者の健康を確保するため緊急の必要がある場合（例：保護具を使用せずに有害物質を取り扱うことにより労働災害発生のおそれがある場合）において、労働者に対して必要な措置をとるべきことを指示すること

　なお、産業医が労働者の健康管理等を行うために必要な情報を労働者から収集する際には、情報の収集対象となった労働者に人事上の評価・処遇等において事業者は不利益を生じさせないようにしなければなりません。

4 産業医に対する情報の提供

産業医を選任した事業者は、労働者に対しその事業場における産業医の業務の具体的な内容・産業医に対する健康相談の申出の方法、産業医による労働者の心身の状態に関する情報の取扱いの方法を下記により周知しなければなりません。

産業医に関する情報の周知方法

① 各事業所の見やすい箇所に掲示し備え付ける

② 労働者に書面で通知する

③ 磁気テープ、磁気ディスクその他これらに準ずる物に記録し、かつ、各作業場に労働者が当該記録の内容を常時確認できる機器を設置する

産業医を選任した事業者は、産業医が産業医学の専門的立場から労働者の健康確保のためにより一層効果的な活動を行いやすい環境を整備するため、産業医に対して、次の1から3までの情報を、書面や磁気ディスクまたは電子メール等、あらかじめ決めた方法により提供しなければなりません。

▍産業医に対する情報提供

1	①健康診断、②長時間労働者に対する面接指導、③ストレスチェックに基づく面接指導実施後の既に講じた措置または講じようとする措置の内容に関する情報（措置を講じない場合は、その旨・その理由）
	提供時期：①〜③の結果についての医師または歯科医師からの意見聴取を行った後、遅滞なく提供すること
2	時間外・休日労働時間が1月当たり80時間を超えた労働者の氏名・当該労働者に係る当該超えた時間に関する情報
	提供時期：当該超えた時間の算定を行った後、速やかに提供すること
3	労働者の業務に関する情報であって産業医が労働者の健康管理等を適切に行うために必要と認めるもの（労働者の作業環境、労働時間、作業態様、作業負荷の状況、深夜業等の回数・時間数等）
	提供時期：産業医から当該情報の提供を求められた後、速やかに提供すること

　なお、時間外・休日労働が1月当たり80時間を超えた労働者がいない場合でも、該当者がいないという情報を産業医に情報提供する必要があります。

　産業医の選任がされていない労働者数50人未満の事業場の事業者は、医師または保健師に対し、上記1から3までの情報について各情報の区分に応じて、情報提供するように努めなければなりません。

長時間労働者の健康確保の強化

すべての労働者の労働時間の状況を把握　※
（管理監督者・みなし労働時間制・裁量労働制の対象者を含む。高度プロフェッショナル制度適用者を除く。）

⬇

| 事業者が産業医に時間外・休日労働時間80h/月超の労働者の情報を提供 | ＋ | 事業者は時間外・休日労働時間80h/月超の労働者本人に通知 |

⬇

産業医が上記情報をもとに労働者に面接指導の申出を勧奨することができる

⬇

時間外・休日労働80h/月超の労働者が事業者に面接指導の申出

⬇

産業医等による面接指導を実施

⬇

事業者が産業医等から労働者の措置等に関する意見を聴く

⬇

事業者が産業医等の意見を踏まえて必要な措置を講じる

⬇

事業者が産業医に措置内容を情報提供

⬇

産業医が勧告を行う場合は事業者から意見を求める

⬇

産業医が労働者の健康を確保するために必要があると認める場合は事業者に勧告

⬇

事業者が産業医の勧告内容を衛生委員会等に報告

※高度プロフェッショナル制度対象者は、健康管理時間で把握
※新技術新商品の研究開発業務従事者は時間外＋休日労働100時間超えで、面接指導実施義務あり（労働者の申出不要）

……【実務上のポイント】

① 契約している産業医の職務内容（契約内容）等を明確にすること。

② 産業医への必要な情報提供は確実に行うこと。

③ 労働者に産業医の職務、その利用や労働者情報の取扱いについて周知すること。

5 ストレスチェック

　ストレスチェック制度は、労働者のメンタルヘルス不調を未然に防止する一次予防を目的としたものであり、事業者は各事業場の実態に即して実施される労働者のメンタルヘルスケアの総合的な取組みの中に本制度を位置付け、取組みを継続的かつ計画的に進めることが望ましいとされています（安衛法66条の10）。

1 ストレスチェックの実施

　常時50人以上の労働者を使用する事業者は、医師等（保健師、厚生労働大臣の定める研修を修了した歯科医師、看護師、精神保健福祉士または公認心理師を含む）によるストレスチェック検査を1年以内ごとに1回行わなくてはなりません。定期健康診断等と同時に行うことも差支えないとされています。検査の費用は事業者負担です。50人未満の事業場は当面の間、努力義務とされています。

　なお、ストレスチェックの実施義務は事業場単位に適用されるので、労働者が所属する事業場ごとに実施する必要があります。義務の対象となる「常時使用する労働者が50人以上」の数え方について、建設現場の場合は、独立した事業場として機能している場合を除き、直近上位の機構（営業所や支店など）を事業場とみなし、その事業場の所属労働者数で数えることとなります。

　ストレスチェックの実施にあたっては、厚労省作成の「労働安全衛生法に基づくストレスチェック制度実施マニュアル」を参考にしてください。

2 | ストレスチェックの結果の通知

　検査結果は医師等から本人に通知されますが、医師等は、本人の同意を得た場合に限り、事業者にその結果を提供できます。結果を提供された事業者は、その検査結果を5年間保存します。事業者が提供を受けなかった検査結果は、検査実施者等により同期間、保存されることが望ましいとされており、事業者は、この実施者等による記録の保存が適切に行われるよう、必要な措置を講じなくてはなりません。なお、ストレスチェックの事務に従事した者には、その実施に際して知り得た秘密を漏らしてはならないという守秘義務が課されています（安衛法104条、心理的な負担の程度を把握するための検査等指針（平30.8.22改正公示第3号））。

3 | 高ストレス者への対応

　ストレスチェックの結果、ストレスの程度が高い者で面接指導が必要と医師等が認めた者が申し出た場合、事業者は、医師による面接指導を実施しなければなりません。

　また事業者は、医師等に、ストレスチェックの結果を職場ごとに集団分析をさせ、その結果を受けて、職場環境改善のために活用することで、その職場の心理的負荷を軽減するための必要な措置を講じるよう努めることが義務付けられています。

4 | 届出義務

　常時50人以上の労働者を使用する事業者は、定期健康診断と同様に、「心理的な負担の程度を把握するための検査結果等報告書」により、ストレスチェックと面接指導の実施状況を遅滞なく労基署に届け出なければなりません。

　なお、厚労省ではストレスチェック実施プログラムを無料で提供しています。ストレスチェック制度サポートダイヤルや、ストレスチェック実施プログラム利用に関するコールセンターも設置されています。

　また、厚労省による働く人のメンタルヘルスポータルサイト「こころの耳」も有用ですが、掲載しているストレスチェックは、セルフチェックに使用するためのものであり、集団ごとの集計・分析や高ストレス者の選定などはできないことから、労働者が「こころの耳」を利用してセルフチェックを行っただけでは、事業者が法に基づくストレスチェックを実施したことにはなりません。

【実務上のポイント】

① 　ストレスチェックの結果は、本人の同意なく会社が取得することはできないこと。

② 　集団分析の結果を職場環境の改善に活用すること。

③ 　事業場において50人以上使用する事業主は報告書の届出義務があること。

④ 　ストレスチェックの結果の記録の保存を実施者等が行うにあたっては、記録の保存場所の指定、保存期間の設定およびセキュリティの確保等、健康情報を適切に取り扱うことを含めた必要な措置について事業者と実施者等において契約を締結すること。

ストレスチェックと面接指導の実施に係る流れ

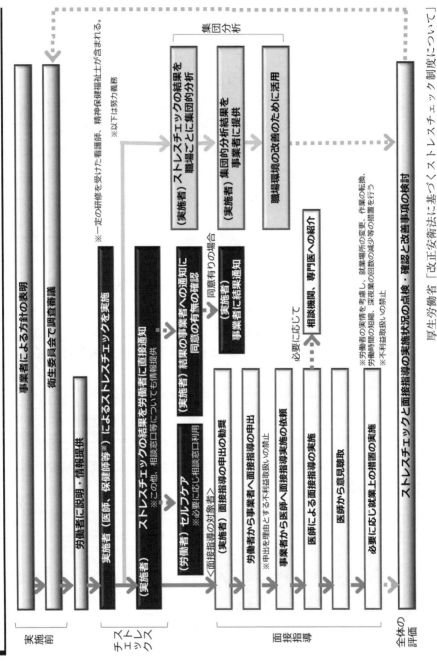

集団分析

- （実施者）ストレスチェックの結果を職場ごとに集団的分析
- （実施者）集団的分析結果を事業者に提供
- 職場環境の改善のために活用

※一定の研修を受けた看護師、精神保健福祉士が含まれる。
※以下は努力義務

事業者による方針の表明

衛生委員会で調査審議

労働者に説明・情報提供

実施者（医師、保健師等※）によるストレスチェックを実施

（実施者）ストレスチェックの結果を労働者に直接通知
※その他、相談窓口等についても情報提供

（実施者）結果の事業者への通知に同意の有無の確認

（同意ありの場合）
（実施者）事業者に結果通知

（労働者）セルフケア
※必要に応じ相談窓口利用

＜面接指導の対象者＞

（実施者）面接指導の申出の勧奨

労働者から事業者への面接指導の申出
※申出を理由とする不利益取扱いの禁止

事業者から医師へ面接指導実施の依頼

医師による面接指導の実施

医師から意見聴取

必要に応じて
相談機関、専門医への紹介

必要に応じ就業上の措置の実施

ストレスチェックと面接指導の実施状況の点検・確認と改善事項の検討
※労働者の実情を考慮し、就業場所の変更、作業の転換、労働時間の短縮、深夜業の回数の減少等の措置を行う
※不利益取扱いの禁止

厚生労働省「改正安衛法に基づくストレスチェック制度について」

実施前

ストレスチェック

面接指導

全体の評価

340

6 ｜ 健康情報の保存等

　健康診断、面接指導、ストレスチェック等の結果の保存義務期間は、5年間です。

　労働者の健康情報の管理については、「労働者の心身の状態に関する情報を収集し、保管し、又は使用するに当たっては、労働者の健康の確保に必要な範囲内で労働者の心身の状態に関する情報を収集し、並びに当該収集の目的の範囲内でこれを保管し、及び使用しなければならない」「労働者の心身の状態に関する情報を適正に管理するために必要な措置を講じなければならない」（労働者の心身の状態に関する情報の適正な取扱いのために事業者が講ずべき措置に関する指針（平30.9.7労働者の心身の状態に関する情報の適正な取扱い指針公示第1号））とされており、その取扱いの厳格化が求められています。この対象となっている情報はストレスチェックや面接指導の結果などを含むすべての健康情報です。

　なお、健康情報を取り扱うことができる者は次の通りです。

健康情報を取り扱うことができる者

①	人事に関して直接の権限を持つ監督的地位にある者
②	産業保健業務従事者（産業医・保健師・衛生管理者等）
③	管理監督者（労働者本人の所属長）
④	人事部門の事務担当者（人事部門の長以外の事務担当者）

　医師や保健師、健康診断・面接指導・ストレスチェックの実施事務従事者については、法令で守秘義務が課されていますが、法令で守秘義務が課されていない者が健康情報を取り扱う場合については、あらかじめ規定などにより守秘義務について定めておくことが必要です（「事業場における労働者の健康情報等の取扱い規程を策定するための手引き」参照）。

【実務上のポイント】

① 　健康診断、面接指導、ストレスチェック等の実施事務従事者には守秘義務が課されていること。

② 　法令で守秘義務が課されていない者については社内規程等により守秘義務を課すこと。

③ 　その他の健康管理情報の取扱いについても、「労働者の心身の状態に関する情報の適正な取扱いのために事業者が講ずべき措置に関する指針」に留意し、社内規程等で定め、あらかじめ周知すること。

342

巻末資料

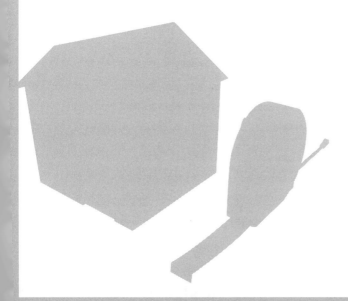

３６協定で定める時間外労働及び休日労働について留意すべき事項に関する指針

（労働基準法第三十六条第一項の協定で定める労働時間の延長及び休日の労働について留意すべき事項等に関する指針）

- ●2019（平成31）年４月より、３６（サブロク）協定（※１）で定める時間外労働に、罰則付きの上限（※２）が設けられます。
- ●厚生労働省では、時間外労働及び休日労働を適正なものとすることを目的として、３６協定で定める時間外労働及び休日労働について留意していただくべき事項に関して、新たに指針を策定しました。

（※１）３６（サブロク）協定とは

⚠ 時間外労働（残業）をさせるためには、３６協定が必要です！

- ●労働基準法では、労働時間は原則として、１日８時間・１週40時間以内とされています。これを「法定労働時間」といいます。
- ●法定労働時間を超えて労働者に時間外労働（残業）をさせる場合には、
  - ✓労働基準法第３６条に基づく労使協定（３６協定）の締結
  - ✓所轄労働基準監督署長への届出
  が必要です。
- ●３６協定では、「時間外労働を行う業務の種類」や「１日、１か月、１年当たりの時間外労働の上限」などを決めなければなりません。

（※２）時間外労働の上限規制とは

⚠ ３６協定で定める時間外労働時間に、罰則付きの上限が設けられました！

- ●2018（平成30）年６月に労働基準法が改正され、３６協定で定める時間外労働に罰則付きの上限が設けられることとなりました（※）。　（※）2019年４月施行。ただし、中小企業への適用は2020年４月。
- ●時間外労働の上限（「限度時間」）は、月45時間・年360時間となり、臨時的な特別の事情がなければこれを超えることはできません。
- ●臨時的な特別の事情があって労使が合意する場合でも、年720時間、複数月平均80時間以内（休日労働を含む）、月100時間未満（休日労働を含む）を超えることはできません。また、月45時間を超えることができるのは、年間６か月までです。

３６協定の締結に当たって留意していただくべき事項

① 時間外労働・休日労働は必要最小限にとどめてください。　(指針第２条)

②使用者は、３６協定の範囲内であっても労働者に対する安全配慮義務を負います。また、労働時間が長くなるほど過労死との関連性が強まることに留意する必要があります。　(指針第３条)

- ◆３６協定の範囲内で労働させた場合であっても、労働契約法第５条の安全配慮義務を負うことに留意しなければなりません。
- ◆「脳血管疾患及び虚血性心疾患等の認定基準について」（平成13年12月12日付け基発第1063号厚生労働省労働基準局長通達）において、
  - ✓１週間当たり40時間を超える労働時間が月45時間を超えて長くなるほど、業務と脳・心臓疾患の発症との関連性が徐々に強まるとされていること
  - ✓さらに、１週間当たり40時間を超える労働時間が月100時間又は２〜６か月平均で80時間を超える場合には、業務と脳・心臓疾患の発症との関連性が強いとされていること
  に留意しなければなりません。

③時間外労働・休日労働を行う業務の区分を細分化し、業務の範囲を明確にしてください。　(指針第４条)

④臨時的な特別の事情がなければ、限度時間（月45時間・年360時間）を超えることはできません。限度時間を超えて労働させる必要がある場合は、できる限り具体的に定めなければなりません。この場合にも、時間外労働は、限度時間にできる限り近づけるように努めてください。 （指針第5条）

◆限度時間を超えて労働させることができる場合を定めるに当たっては、通常予見することのできない業務量の大幅な増加等に伴い臨時的に限度時間を超えて労働させる必要がある場合をできる限り具体的に定めなければなりません。
「業務の都合上必要な場合」「業務上やむを得ない場合」など恒常的な長時間労働を招くおそれがあるものは認められません。

◆時間外労働は原則として限度時間を超えないものとされていることに十分留意し、(1) 1か月の時間外労働及び休日労働の時間、(2) 1年の時間外労働時間、を限度時間にできる限り近づけるように努めなければなりません。

◆限度時間を超える時間外労働については、25%を超える割増賃金率とするように努めなければなりません。

⑤1か月未満の期間で労働する労働者の時間外労働は、目安時間（※）を超えないように努めてください。 （指針第6条）

（※）1週間：15時間、2週間：27時間、4週間：43時間

⑥休日労働の日数及び時間数をできる限り少なくするように努めてください。 （指針第7条）

⑦限度時間を超えて労働させる労働者の健康・福祉を確保してください。 （指針第8条）

◆限度時間を超えて労働させる労働者の健康・福祉を確保するための措置について、次の中から協定することが望ましいことに留意しなければなりません。
(1) 医師による面接指導、(2)深夜業の回数制限、(3)終業から始業までの休息時間の確保（勤務間インターバル）、(4)代償休日・特別な休暇の付与、(5)健康診断、(6)連続休暇の取得、(7)心とからだの相談窓口の設置、(8)配置転換、(9)産業医等による助言・指導や保健指導

⑧限度時間が適用除外・猶予されている事業・業務についても、限度時間を勘案し、健康・福祉を確保するよう努めてください。 （指針第9条、附則第3項）

◆限度時間が適用除外されている新技術・新商品の研究開発業務については、限度時間を勘案することが望ましいことに留意しなければなりません。また、月45時間・年360時間を超えて時間外労働を行う場合には、⑦の健康・福祉を確保するための措置を協定するよう努めなければなりません。

◆限度時間が適用猶予されている事業・業務については、猶予期間において限度時間を勘案することが望ましいことに留意しなければなりません。

指針の全文はこちら ☞ https://www.mhlw.go.jp/content/000350259.pdf

ご不明な点やご質問がございましたら、厚生労働省または事業場の所在地を管轄する都道府県労働局、労働基準監督署におたずねください。

➢ 問合せ先：厚生労働省 労働基準局 労働条件政策課 03-5253-1111（代表）
➢ 最寄りの都道府県労働局、労働基準監督署は以下の検索ワードまたはQRコードから参照できます。

検索ワード： 都道府県労働局 または 労働基準監督署
http://www.mhlw.go.jp/kouseiroudoushou/shozaiannai/roudoukyoku/

厚生労働省

(2018.9)

Thông báo về điều kiện lao động
労働条件通知書

Năm tháng ngày : _____
年月日

Kính gửi: _____ 殿

Tên công ty (ghi bằng chữ Romaji) _____
事業場名称（ローマ字で記入）

Địa chỉ công ty (ghi bằng chữ Romaji) _____
所在地（ローマ字で記入）

Số điện thoại _____
電話番号

Tên nhà tuyển dụng (ghi bằng chữ Romaji) _____
使用者職氏名（ローマ字で記入）

I. Thời hạn làm việc
   契約期間

Không quy định thời hạn ☐ Có thời hạn* ☐ (Từ Năm tháng ngày đến Năm tháng ngày)
期間の定めなし　　　　期間の定めあり（※）（ 　年　月　日　～　年　月　日）

[Trường hợp là đối tượng đặc biệt theo Luật Biện pháp đặc biệt về tuyển dụng có thời hạn]
【有期雇用特別措置法による特例の対象者の場合】
Thời hạn không phát sinh quyền đăng ký chuyển đổi vô thời hạn: I (Chuyên môn cao) ・ II (Người cao tuổi sau tuổi hưu)
無期転換申込権が発生しない期間：I（高度専門）・II（定年後の高齢者）
I. Thời hạn từ lúc bắt đầu cho đến khi kết thúc công việc có thời hạn đặc biệt (　　năm　　tháng (tối đa 10 năm))
I 特定有期業務の開始から完了までの期間（ 　年　 か月（上限10年））
II. Thời hạn được tiếp tục tuyển dụng sau tuổi hưu
II 定年後引き続いて雇用されている期間

II. Nơi làm việc
    就業の場所

III. Nội dung công việc
     従事すべき業務の内容

[Trường hợp là đối tượng đặc biệt (chuyên môn cao) theo Luật biện pháp đặc biệt về tuyển dụng có thời hạn]
【有期雇用特別措置法による特例の対象者（高度専門）の場合】
• Công việc có thời hạn quy định đặc biệt(　　Ngày bắt đầu: 　　Ngày kết thúc: 　　)
・特定有期業務 　　開始日: 　　完了日: 　　)

IV. Giờ làm việc, v.v..
    労働時間等
1. 1. Giờ bắt đầu và kết thúc:
   始業・終業の時刻等
   (1) Bắt đầu(　Giờ 　Phút 　) Kết thúc (　Giờ 　Phút 　)
       始業（ 　時 　分 　） 終業（ 　時 　分 　）
   [Nếu các chế độ sau đây áp dụng cho người lao động]
   【以下のような制度が労働者に適用される場合】
   (2) Chế độ lao động không thường xuyên, v.v..: Tùy thuộc sự kết hợp sau đây về giờ giấc công việc như mô chế độ làm ca
       hay việc làm (　) không thường xuyên.
       変形労働時間制等：(　) 単位の変形労働時間制・交代制として、次の勤務時間の組み合わせによる。
       ┌ Bắt đầu(　Giờ 　Phút 　) Kết thúc (　Giờ 　Phút 　) (Ngày áp dụng: 　　　)
       │ 始業（ 　時 　分 　） 終業（ 　時 　分 　） (適用日 　　　)
       ├ Bắt đầu(　Giờ 　Phút 　) Kết thúc (　Giờ 　Phút 　) (Ngày áp dụng: 　　　)
       │ 始業（ 　時 　分 　） 終業（ 　時 　分 　） (適用日 　　　)
       └ Bắt đầu(　Giờ 　Phút 　) Kết thúc (　Giờ 　Phút 　) (Ngày áp dụng: 　　　)
         始業（ 　時 　分 　） 終業（ 　時 　分 　） (適用日 　　　)
   (3) Hệ thống thời gian linh hoạt: Người lao động quyết định giờ mở cửa và đóng cửa.
       フレックスタイム制：始業及び終業の時刻は労働者の決定に委ねる。
       [Tuy nhiên, thời gian linh hoạt: (bắt đầu) (　Giờ 　Phút 　) từ (　Giờ 　Phút) đến
       (ただし、フレキシブルタイム 　（始業） 時（ 　）分から（ 　）時（ 　）分、
       (kết thúc) (　Giờ 　Phút 　) từ (　Giờ 　Phút) đến
       （終業）（ 　）時（ 　）分から（ 　）時（ 　）分、
       Thời gian chính: (　) từ (bắt đầu) (　Giờ 　Phút 　) đến (kết thúc) 　Giờ 　Phút]
       コアタイム （ 　）時（ 　）分から（ 　）時（ 　）分）
   (4) Chế độ giờ làm việc dự kiến ngoài nơi làm việc: Bắt đầu (　Giờ 　Phút 　) Kết thúc (　Giờ 　Phút 　)
       事業場外みなし労働時間制：始業（ 　時 　分 　） 終業（ 　時 　分 　）
   (5) Chế độ lao động tùy ý: Được xác định bởi những người lao động dựa trên giờ bắt đầu (　Giờ 　Phút) Giờ kết thúc (　Giờ 　Phút)
       裁量労働制：始業（ 　時 　分 　） 終業（ 　時 　分 　）を基本とし、労働者の決定に委ねる。
       Chi tiết được quy định ở Điều (　), Điều (　), Điều (　) của Nội quy lao động
       詳細は、就業規則第（ 　）条～第（ 　）条、第（ 　）条～第（ 　）条、第（ 　）条～第（ 　）条

2. Thời gian nghỉ giải lao (　　　) phút
休憩時間（　　）分
3. Có mặt làm việc ngoài giờ hay không (Có:☐　Không:☐　)
所定時間外労働の有無（　有　，　無　）

V.　Ngày nghỉ
休日
• Ngày nghỉ theo quy định: Thứ (　　　　), hàng tuần, ngày quốc lễ, ngày khác (　　　　　　　)
定例日：毎週（　）曜日、国民の祝日、その他（　　　　　　　）
• Ngày nghỉ không cố định ngày: (　　　) mỗi tuần/tháng, ngày khác (　　　　　　)
非定例日：週・月当たり（　）日、その他（　　　　　　）
• Trong trường hợp chế độ thời gian lao động thay đổi theo năm(　　　　) ngày/1 năm
1年単位の変形労働時間制の場合－年間（　　　　）日
Chi tiết được quy định ở Điều (　　), Điều (　　), Điều (　　) của Nội quy lao động
詳細は、就業規則第（　）条～第（　）条、第（　）条～第（　）条、第（　）条～第（　）条

VI.　Nghỉ phép
休暇
1. Nghỉ phép hưởng lương hàng năm: Những người làm việc liên tục trong 6 tháng trở lên, (　　　) ngày
年次有給休暇　　6か月継続勤務した場合→（　　　）日
Những người làm việc liên tục cho tới 6 tháng, (Có☐ Không:)
継続勤務6か月以内の年次有給休暇（　有　，　無　）
→ Sau một khoảng thời gian (　　　) tháng, (　　) ngày
（　　　）か月経過で（　　）日
Nghỉ phép thường niên tính theo thời gian (Có☐ Không☐)
時間単位年休　（　有　，　無　）
2. Nghỉ phép bù (Có, Không)
代替休暇　（　有　，　無　）
3. Nghỉ phép khác:　　　　　　Hưởng lương　　　（　　　　　　　　　）
その他の休暇　　　　　　有給　　　　　　（　　　　　　　　　）
　　　　　　　　　　　　　Không hưởng lương　（　　　　　　　　　）
　　　　　　　　　　　　　無給　　　　　　（　　　　　　　　　）
Chi tiết được quy định ở Điều (　　), Điều (　　), Điều (　　) của Nội quy lao động
詳細は、就業規則　第（　）条～第（　）条、第（　）条～第（　）条、第（　）条～第（　）条

VII.　Lương
賃金
1. Trả lương cơ bản　(a) Lương tháng (　　　　　yen)　　　(b) Lương ngày (　　　　　yen)
基本賃金　　　　　月給（　　　　　　円）　　　　日給（　　　　　　円）
　　　　　　　　　(c) Lương giờ (　　　　　yen)
　　　　　　　　　時間給（　　　　　円）
　　　　　　　　　(d) Trả lương theo công việc (Lương cơ bản:　yen; Lương bảo hiểm:　yen)
　　　　　　　　　出来高給（基本単価　　　　円、保障給　　　　円）
　　　　　　　　　(e) Khác (　　　　　yen)
　　　　　　　　　その他（　　　　　円）
　　　　　　　　　(f) Mức lương được nêu trong Quy định Việc làm, v.v..
　　　　　　　　　就業規則に規定されている賃金等級等
2. Số tiền và phương pháp tính toán các khoản phụ cấp khác nhau
諸手当の額及び計算方法
(a)　(　　　　trợ cấp:　　　　yen;　　Phương pháp tính toán:　　　　　　　　)
　　（　　　　手当　　　　円／　　計算方法：　　　　　　　　　　　）
(b)　(　　　　trợ cấp:　　　　yen;　　Phương pháp tính toán:　　　　　　　　)
　　（　　　　手当　　　　円／　　計算方法：　　　　　　　　　　　）
(c)　(　　　　trợ cấp:　　　　yen;　　Phương pháp tính toán:　　　　　　　　)
　　（　　　　手当　　　　円／　　計算方法：　　　　　　　　　　　）
(d)　(　　　　trợ cấp:　　　　yen;　　Phương pháp tính toán:　　　　　　　　)
　　（　　　　手当　　　　円／　　計算方法：　　　　　　　　　　　）
3. Tỷ lệ thanh toán bổ sung cho việc lao động quy định ngoài giờ, việc làm ngày nghỉ hoặc làm đêm
所定時間外、休日又は深夜労働に対して支払われる割増賃金率
(a) Việc ngoài giờ: Quá giờ theo luật định　Không quá 60 giờ trong một tháng (　　)%　Trên 60 giờ trong một tháng (　　)%
所定時間外　法定超　　　　　　　　月60時間以内（　　）%　　　　　月60時間超（　　）%
　　　　　　Quá giờ quy định (　　)%
　　　　　　所定超（　　）%
(b) Ngày nghỉ:　Ngày nghỉ theo luật(　　)%　　　　Ngày nghỉ không theo luật (　　)%
休日　　　　　法定休日（　　）%　　　　　　　　法定外休日（　　）%
(c) Việc làm đêm (　　)%
深夜（　　）%
4. Ngày khoá sổ lương: (　　　) – (　　　) của mỗi tháng; (　　　) – (　　　) của mỗi tháng
賃金締切日　　（　　　）－毎月（　　　）日、（　　　）－毎月（　　　）日
5. Ngày trả lương: (　　　) – (　　　) của mỗi tháng; (　　　) – (　　　) của mỗi tháng
賃金支払日　　（　　　）－毎月（　　　）日、（　　　）－毎月（　　　）日
6. Phương pháp trả lương (　　　　　　　　　)
賃金の支払方法（　　　　　　　　　）

7. Khấu trừ lương theo thoả thuận lao động : [Không   Có (   )]
    労使協定に基づく賃金支払時の控除　（　無，有（   ））
8. Tăng lương   (Thời gian, v.v..   )
    昇給   （時期等   ）
9. Tiền thưởng   [Có (Thời gian và số tiền, v.v..   ); Không]
    賞与   （ 有（時期，金額等   ），無 ）
10. Trợ cấp thôi việc   [Có (Thời gian và số tiền, v.v..   ); Không]
    退職金   （ 有（時期，金額等   ），無 ）

VIII. Các mục liên quan đến thôi việc
　　　　退職に関する事項

1. Hệ thống tuổi hưu   [Có (tuổi); Không]
    定年制   （ 有（   歳），無 ）
2. Chế độ gia hạn hợp đồng lao động [Có (đến   tuổi); Không]
    継続雇用制度   （ 有（   歳まで），無 ）
3. Thủ tục thôi việc vì lý do cá nhân [Sẽ có thông báo không dưới (   ) ngày trước khi thôi việc]
    自己都合退職の手続   （退職する（   ）日以上前に届け出ること）
4. Lý do và thủ tục sa thải
    解雇の事由及び手続

    ┌   ┐
    │   │
    └   ┘

    Chi tiết được quy định ở Điều (   ), Điều (   ) của Nội quy làm việc
    詳細は、就業規則第（　）条～第（　）条、第（　）条～第（　）条

IX. Điểm khác
　　　　その他

• Tham gia bảo hiểm xã hội [Bảo hiểm phúc lợi hưu trí; Bảo hiểm y tế; Quỹ phúc lợi hưu trí; khác (   )]
   社会保険の加入状況（　厚生年金　健康保険　厚生年金基金　その他（   ））
• Áp dụng bảo hiểm việc làm: (Có ☐ Không ☐)
   雇用保険の適用（　有 ，　無 ）
• Quầy tư vấn về các mục liên quan đến vấn đề cải thiện, v.v... việc quản lý tuyển dụng
   雇用管理の改善等に関する事項に係る相談窓口
   Tên phòng ban (   ) Họ tên và chức vụ của người phụ trách (   ) (Nơi liên hệ   )
   部署名（   ） 担当者職氏名（   ） （連絡先   ）
• Khác
   その他 ┌

* Về "Thời hạn hợp đồng", nếu là "Hợp đồng có thời hạn" hãy ghi rõ thời hạn.
(※)「契約期間」について「期間の定めあり」とした場合に記入

Gia hạn hợp đồng 更新の有無	1. Có hay không việc gia hạn hợp đồng 契約の更新の有無 [Tự động gia hạn ☐ Có khả năng gia hạn ☐ Không gia hạn hợp đồng ☐ Khác ( )] （・自動的に更新する ・更新する場合があり得る ・契約の更新はしない ・その他（ ）） 2. Việc gia hạn hợp đồng được căn cứ theo những tiêu chuẩn sau: 契約の更新は次により判断する。 ┌ Lượng công việc khi kết thúc thời hạn hợp đồng Thành tích trong công việc, thái độ làm việc │ ・契約期間満了時の業務量 ・勤務成績、態度 │ Năng lực Tình hình kinh doanh của công ty Tiến độ của công việc đang được thực hiện │ ・能力 ・会社の経営状況 ・従事している業務の進捗状況 │ Khác ( ) └ ・その他（ ） *Nội dung sau giải thích về "Thời hạn hợp đồng" trong trường hợp có "Quy định về thời hạn". ※以下は、「契約期間」について「期間の定めあり」とした場合についての説明です。 Theo quy định của Điều 18 Luật hợp đồng lao động, trường hợp thời hạn hợp đồng lao động có thời hạn (những hợp đồng bắt đầu kể từ ngày 1 tháng 4 năm 2013 trở đi) vượt quá tổng thời gian là 5 năm, thì hợp đồng sẽ được chuyển thành hợp đồng lao động không xác định thời hạn nếu từ sau khi hết hạn của hợp đồng lao động tương ứng, bằng cách người lao động phải đăng ký trước ngày hết hạn của hợp đồng lao động. Tuy nhiên, trường hợp là đối tượng đặc biệt theo Luật biện pháp đặc biệt về tuyển dụng có thời hạn, thì thời hạn "5 năm" này sẽ được nêu ở cột "Thời hạn hợp đồng" của thông báo này. 労働契約法第18条の規定により、有期労働契約（2013年4月1日以降に開始するもの）の契約期間が通算5年を超える場合には、労働契約の期間の末日までに労働者から申込みをすることにより、当該労働契約の期間の末日の翌日から期間の定めのない労働契約に転換されます。ただし、有期雇用特別措置法による特例の対象となる場合は、この「5年」という期間は、本通知書の「契約期間」欄に明示したとおりとなります。

                    Người biện nhận (chữ ký) _____
                    受け取り人（署名）

* Những vấn đề không được đề cập ở trên sẽ tuân theo quy định của công ty chúng tôi.
※ 以上のほかは、当社就業規則による。
* Việc phát hành thông báo này sẽ làm rõ các điều kiện lao động theo Điều 15 "Luật Tiêu chuẩn lao động", và bao gồm việc phát hành các văn bản dựa trên Điều 6 "Luật cải thiện quản lý tuyển dụng người lao động bán thời gian (Luật cải thiện việc quản lý tuyển dụng đối với người lao động bán thời gian và người lao động có thời hạn)
※本通知書のうち、労働条件の明示及び労働条件の明示については、労働基準法第15条に基づく労働条件の明示及び短時間労働者・有期労働者の雇用管理の改善等に関する法律（短時間労働者及び有期労働者の雇用管理の改善等に関する法律）
* Nên lưu giữ thông báo tuyển dụng để tránh mâu thuẫn, hiểu lầm có thể xảy ra giữa người sử dụng lao động và người lao động.
※労働条件通知書については、労使間の紛争の未然防止のため、保存することをお勧めします。

寄宿舎規則（例）

第1条　この規則は、労働基準法95条にもとづき、（株）○○建設が所有する附属寄宿舎（以下、「寄宿舎」という）について定めるものである。

第2条　寄宿舎に係る管理者は、（株）○○会社代表取締役○○　○○とする。ただし、必要と認める場合は総務課課長○○　○○に管理者権限のすべてまたは一部を委譲することがある。

第3条　前項の管理者は、寄宿舎に入舎する社員（以下、「入舎者」という）の私生活の自由を侵すことはない。

第4条　入舎者は、寄宿舎生活に求められる共同生活上の規律を守り、入舎者全員が快適な寄宿舎生活ができるよう努めなければならない。

第5条　入舎を希望する者は、管理者の許可を得るとともに所要の事項を届け出なければならない。なお、寄宿生活に必要な器具、備品等の貸与を希望する場合は所定の利用料を支払わなければならない。

第6条　退舎を希望する者は、事前に管理者へ届け出るとともに退去にあたっては入居していた居室について管理者の点検を受けなければならない。

第7条　管理者は、入舎者が寄宿不適当と認められる場合は退舎を命じることがある。

第8条　就労日の起床時刻は、原則として午前○時○○分とし、就寝時刻は、原則として午後○時○○分とする。ただし、業務の都合によりこの時刻を変更することがある。
　　　なお、休日および不就労日については特段の事由がない限り入舎者の自由とする。

第9条　就労日の食事時刻は、原則として以下の通りとし、所定の食堂または場所で採らなければならない。
　　　　朝食　午前○時○○分～午前○時○○分
　　　　夕食　午後○時○○分～午後○時○○分
　　　なお、休日の食事は入舎者の自己責任とする。

第10条　食生活全般、炊事場、食器類等の衛生管理については管理者が責任を持って行うこととする。

　　　　入舎者は、管理者が行う衛生管理上の措置に従う義務があるとともに管理者の許可なく所定以外の場所で自炊等をしてはならない。

第11条　休日および勤務時間以外の外出、外泊は入舎者の自由とする。ただし、外泊する場合は管理者にその旨を申し出なければならない。

第12条　入舎者は、管理者の許可なく外来者を宿泊させてはならない。

第13条　入舎者は、他の入舎者に迷惑を及ぼさない限りにおいて、所定の場所において自由に外来者と面会することができる。

第14条　寄宿舎および入舎者に係る必要な行事等を行う場合は、管理者と入舎者代表で協議のうえ行うものとする。

第15条　入舎者は、所定の場所以外で火気の使用、喫煙をしてはならず、安全衛生上の法令および就業規則上の諸規則を守らなければならない。

第16条　入舎者は、普段から避難器具、避難通路および階段の確保に協力しなければならない。また、管理者が行う避難、消火訓練に際しては特段の事由がない限り参加しなければならない。

第17条　入舎者は、普段から寝具、衣類等を清潔に保つよう努めるとともに居室の整理整頓に努めなければならない。

　　　　なお、管理者が必要と認める場合、居室への立入りを求めることがある。

第18条　入舎者が負傷し、疾病に罹った場合は速やかに管理者へ申し出るとともに必要な処置を受けなければならない。

第19条　入舎者は、寄宿舎の建物、設備、備品等を改造、破損、持出等をしてはならず、万一、故意または重過失により改造、破損、持出等をした場合には修復に要する実費の弁済を求めることがある。

附則　この規則は令和〇〇年〇〇月〇〇日より施行する。

　　　　　　　　　　　　　　　　　　　　　　　　　　　　　　　　以上

■監修とコラム執筆

吉村　孝太郎（よしむら　こうたろう）

弁護士。
埼玉弁護士会所属。慶應義塾大学法学部卒業。2007年司法修習終了・同年弁護士登録。2021年さざんか総合法律事務所を開設。中小企業のコンプライアンス整備、労務トラブル、建築会社の請負トラブルを多く取り扱っている。労使紛争については使用者側、労働者側の両方の代理人を務めている。近年、破産管理人、清算人仮取締役などに選任されることが多い。執筆として、「ビジネスガイド」「弁護士のためのイチからわかる相続財産管理人・不在者財産管理人の実務」（いずれも日本法令）、「税経通信」（税務経理協会）ほか。

■著者略歴（アイウエオ順）

江口　麻紀（えぐち　まき）

特定社会保険労務士　エル労務マネジメント合同会社代表社員
2003年社会保険労務士開業。2006年特定社会保険労務士付記。ゼネコンに7年勤務の後、製造小売業、社労士事務所勤務を経て開業。25年以上の実務経験を生かし労務管理・労働問題を中心としたコンサルティングを展開。執筆に「ビジネスガイド」「ＳＲ」「労務トラブル予防・解決に活かす"菅野「労働法」"」（共著）（いずれも日本法令）ほか。

太田　彰（おおた　あきら）

特定社会保険労務士

1996年社会保険労務士開業。2006年特定社会保険労務士付記。関与先に建設業の団体および中小規模建設業。労務問題では複数の弁護士事務所と連携。近著に「建設キャリアアップシステムってなんだ？」「働き方改革で中小建設業が取り組むべき経営労務管理」「CD-ROM：中小企業のための建設業就業規則」。「労務トラブル予防・解決に活かす"菅野「労働法」"」（共著）「加入していますか？　建設業の社会保険」。執筆に「ビジネスガイド」「SR」（いずれも日本法令）ほか

増田　文香（ますだ　あやか）

特定社会保険労務士

2002年社会保険労務士開業。2007年特定社会保険労務士付記。経営コンサルティング会社勤務を経て開業。労務トラブルの未然防止を目的とした労務管理コンサルティングを実施。執筆に「CD-ROM：Wordでつくる三六協定届」「ビジネスガイド」「源泉徴収税額表とその見方」（部分執筆）「労務トラブル予防・解決に活かす"菅野「労働法」"」（共著）（いずれも日本法令）ほか

■**協力執筆**

高橋　節男（たかはし　せつお）

税理士
税理士法人・埼玉共同会計代表

改訂版 中小建設業の労務管理と経営改善	令和 2 年 1 月 20 日　初版発行 令和 6 年 4 月 20 日　改訂初版	

日本法令 ®

検印省略

〒 101-0032
東京都千代田区岩本町 1 丁目 2 番 19 号
https://www.horei.co.jp/

監 修 者	吉 村	孝 太 郎
	太 田	彰
著 者	江 口	麻 紀 香
	増 田	文 男
協力執筆	高 橋	節 男
発 行 者	青 木	鉱 太
編 集 者	岩 倉	春 光
印 刷 所	日 本 ハ イ コ ム
製 本 所	国 宝 社

（営　業）	TEL　03-6858-6967	Ｅメール　syuppan@horei.co.jp
（通　販）	TEL　03-6858-6966	Ｅメール　book.order@horei.co.jp
（編　集）	FAX　03-6858-6957	Ｅメール　tankoubon@horei.co.jp

（バーチャルショップ）　https://www.horei.co.jp/iec
（お 詫 び と 訂 正）　https://www.horei.co.jp/book/owabi.shtml
（書 籍 の 追 加 情 報）　https://www.horei.co.jp/book/osirasebook/shtml

※万一、本書の内容に誤記等が判明した場合には、上記「お詫びと訂正」に最新情報を掲載
　しております。ホームページに掲載されていない内容につきましては、FAX または Ｅメー
　ルで編集までお問合せください。

便利でお得な 定期購読のご案内

定期購読会員（※1）の特典

￥0 送料無料で確実に最新号が手元に届く！
（配達事情により遅れる場合があります）

少しだけ安く購読できる！
- ビジネスガイド定期購読（1年12冊）の場合：1冊当たり約155円割引
- ビジネスガイド定期購読（2年24冊）の場合：1冊当たり約260円割引
- SR定期購読（1年4冊（※2））の場合：1冊当たり約410円割引

会員専用サイトを利用できる！

割引価格でセミナーを受講できる！

割引価格で書籍やDVD等の弊社商品を購入できる！

定期購読のお申込み方法

振込用紙に必要事項を記入して郵便局で購読料金を振り込むだけで，手続きは完了します！
まずは雑誌定期購読担当【☎03-6858-6960／✉kaiin@horei.co.jp】にご連絡ください！

1. 雑誌定期購読担当より専用振込用紙をお送りします。振込用紙に，①ご住所，②ご氏名（企業の場合は会社名および部署名），③お電話番号，④ご希望の雑誌ならびに開始号，⑤購読料金（ビジネスガイド1年12冊：12,650円，ビジネスガイド2年24冊：22,770円，SR1年4冊5,830円）をご記入ください。

2. ご記入いただいた金額を郵便局にてお振り込みください。

3. ご指定号より発送いたします。

（※1）定期購読会員とは，弊社に直接1年（または2年）の定期購読をお申し込みいただいた方をいいます。開始号はお客様のご指定号となりますが，バックナンバーから開始をご希望になる場合は，品切れの場合があるため，あらかじめ雑誌定期購読担当までご確認ください。なお，バックナンバーのみの定期購読はできません。

（※2）原則として，2・5・8・11月の5日発行です。